# 粮食趣谈

谈宜斌◎著

中国农业出版社
农村读物出版社
北 京

**图书在版编目（CIP）数据**

粮食趣谈 / 谈宜斌著. —北京：中国农业出版社，2023.5（2024.6重印）

ISBN 978-7-109-30416-1

Ⅰ.①粮…　Ⅱ.①谈…　Ⅲ.①粮食—基本知识　Ⅳ.①S37

中国国家版本馆CIP数据核字（2023）第025089号

---

中国农业出版社出版

地址：北京市朝阳区麦子店街18号楼

邮编：100125

责任编辑：张　丽　邓琳琳

版式设计：杨　婧　　责任校对：吴丽婷

印刷：中农印务有限公司

版次：2023年5月第1版

印次：2024年6月北京第2次印刷

发行：新华书店北京发行所

开本：880mm × 1230mm　1/32

印张：8.5

字数：200千字

定价：58.00元

---

# 前 言

粮食是人们生活的必需品，也是国家发展建设的保障性物资。国家粮食安全事关国家兴衰、社会稳定，事关人民群众的福祉和民族兴旺。

我国古代先贤曾说："国以民为本，民以食为天，食以粮为先。"还说："安民之本，必资于食""五谷食米，民之司命也"。这表明中华民族自古就重视民生问题，并把粮食看作是人们赖以生存的基本条件和安国治天下的头等大事。

在远古时代，人类的食物完全仰仗自然界来供给。为了生存，当时的人类茹毛饮血，饥不择食，几乎什么都尝试过，也因而对各种植物、动物能不能吃有了一个初步的了解。《淮南子》载："神农……尝百草之滋味，水泉之甘苦……一日而遇七十毒。"神农即炎帝，被称为"农业之神"，他砍削树木做成犁，揉弯木头做成犁柄，用农具耕地除草，开始教导民众种植粮食。进而对那些可供充饥的植物及其果子、籽实等进行推广种植，对那些便于驯养且具有食用、役用价值的动物加以畜养。随着人类文明的进步和发展，人们又不断地选择、培育、驯化那些食用价值高的动植物，并在长期的生产实践中去其粗劣，存其精华，不断地演进和完善，又通过相互交换的方式引进一些优良品种，让它们一代一代地繁衍，于是有了今天的诸多食材，其中以粮食占据主导地位。

饥饿和贫困始终是半殖民地半封建旧中国面对的难题。新中国成立前，农业发展水平极为低下，大多数人口长期处于饥饿或半饥饿状态，一旦遇到自然灾害，更是饿殍遍野。新中国成立以后，废除了封建土地所有制，依靠全国人民自力更生，奋发图强，大力发展粮食生产。特别是1978年改革开放以来，党和政府高度重视粮食生产，制定了一系列的政策和措施，始终把农业放在发展国民经济的首位，在确保粮食稳定增长的基础上，引导农民发展多种经营，以满足人们对蔬、果、肉、蛋、奶等食物多样化的需求。经过几十年的努力奋斗，中国在人均耕地资源低于世界平均水平的情况下，依靠自身的力量，成功地解决了人民的吃饭问题，使人民群众过上了丰衣足食的生活。

本书以粮食为主线，对粮食资源进行充分挖掘，详细介绍了每一种粮食的起源历史、主要特点、生产分布、食用方法、营养价值、保健功效和掌故逸闻等多方面的知识，力求做到不落俗套、深入浅出、通俗易懂、内容贴近生活。希冀将知识性、科学性、实用性、故事性、趣味性融于一体。

谈宜斌　　于江西贵溪寓所

# 目 录

# 关注世界粮食日

1979年，联合国粮食及农业组织（Food and Agriculture Organization of the United Nations，FAO）第20届全体大会做出决议，明确从1981年起，每年10月16日为世界粮食日（World Food Day，WFD）。

## 有特殊意义

联合国粮食及农业组织简称“粮农组织”，成立于1945年10月16日，1946年12月成为联合国的专门机构之一，总部设在意大利首都罗马。目前，共有194个成员国、1个成员组织（欧洲联盟）和2个准成员（法罗群岛、托克劳群岛）。其宗旨是：提高各国人民的营养水平和生活水准；提高所有粮农产品的生产和分配效率；改善农村人口的生活状况，推动世界经济的发展，并最终消除饥饿和贫困。粮农组织大会为其最高权力机构，每两年选定在某个国家或地区召开一次会议。各成员国（组织）的首脑或政要参会，商讨事关人类生存与发展的世界粮食和农业生产等重大问题，并发布年度报告《粮农状况》（*State of Food and Agriculture*），以及各种专业年鉴和杂志。中国是粮农组织创始成员国之一，自1973年恢复在该组织席位以来，一直是理事国。2014年10月15日，在第34个世界粮食日前夕，李克强总理在联合国粮农组织总

部发表题为《依托家庭经营推进农业现代化》的演讲。2019年6月23日，屈冬玉（农业农村部副部长）在第41届联合国粮农组织大会上当选为第九任总干事，任期为2019年8月1日至2023年7月31日。

粮农组织将每年的10月16日定为世界粮食日是有特殊意义的，因为这一天是粮农组织的创建纪念日。粮农组织等国际机构、各国政府及一些民间组织，都积极参加世界粮食日的活动，有的国家（组织）在这一天公布粮农研究成果和奖励粮农科研有突出贡献的人员，有的举行纪念活动，有的发行纪念货币和纪念邮票……举办这些活动主要是为了提高人们对粮食和农业重要性的认识。

## 每年有主题

粮食是人类生存之本，也是人类文明得以发展的先决条件。然而由于全球人口数量不断增长、可耕地面积逐年减少、气候变化对农业生产的负面影响、生物能源发展导致的粮食消费量增加以及地区发展不平衡等因素的影响，世界粮食求大于供的趋势长期存在。粮农组织公布的数据显示，2007年全球约有8.54亿饥饿人口；2008年这一数字约是9.2亿；而2009年全球饥饿和营养不良人口突破10亿，达到10.2亿，每6秒钟就有一名儿童因饥饿或相关疾病死亡。这就是说，在当时全世界67亿人口中，处于饥饿状态的人口多达1/6。到了2013年，全球粮食短缺现象虽有所缓和，但仍有许多国家的饥饿状况处于警戒水平或极端警戒水平。截至2018年，全球面临粮食不足困境的人数仍达8.2亿，实现联合国2030年可持续发展议程中的“零饥饿”目标面临着巨大的挑战。

针对长期困扰人类粮食短缺和营养不良的实际情况，每年的世界粮食日都有一个主题。例如，在首次世界粮食日的当年和次年，即1981年和1982年的主题是“粮食第一”；1983年的主题是“粮食安全”；1984年的主题是“妇女参与农业”；1985年的主题是“乡村贫困”；1986年的主题是“渔民和渔业社区”……2014年的主题是“家庭农业：供养世界，关爱地球”；2015年的主题是“社会保护与农业：打破农村贫困恶性循环”；2016的主题是“气候在变化，粮食和农业也在变化”；2017年的主题是“改变移民未来——投资粮食安全，促进农村发展”；2018年的主题是“行动造就未来——到2030年能够实现零饥饿”；2019年的主题是“行动造就未来，健康饮食实现零饥饿”；2020年的主题是“齐成长、同繁荣、共持续，行动造就未来”；2021年的主题是“行动造就未来。更好生产、更好营养、更好环境、更好生活”。

## 丰富的内涵

每年世界粮食日的主题是就当年或一个时期存在的主要问题，有针对性地提出来的。例如，1996年的主题“消除饥饿和营养不良”，旨在动员世界各国和地区举行各种形式的活动，以唤起国际社会关注长期存在的世界粮食短缺问题，鼓励人们努力发展粮食生产，促进国际间的合作，为消除饥饿和营养不良而努力。1997年的主题“投资粮食安全”，主要是号召各国政府和地区的有关组织及人员，加强农业管理，优化农业政策，加大农业投入，增强粮食的有效供给能力以保障粮食安全。2009年的主题“应对危机，实现粮食安全”，呼吁各国制定短期和长期计划，向受金融危机影响最严重的家庭提供紧急援助，同时促进公共和私人投资，并将持续增加农业投资作为长期措施，共同应对危机，保障粮食安全。

2012年的主题“办好农业合作社，粮食安全添保证”，是希望通过合作社，将农民和小生产者组织起来，制定切实可行的政策和法规，增强他们应对市场粮食短缺的能力，促进农业合作社和生产者组织的发展壮大。

但有些主题看似与粮食无关，实则关系密切，如1991年提出的“生命之树”和1994年提出的“生命之水”。前者意在增强人们植树造林、保护森林的意识，进一步提高人们对林业与环境，林业与土地、水资源，特别是林业与农业、粮食等相互关系的认识。后者强调了全球缺水的严重状况和合理用水的必要性；同时，充足的水资源供给也是粮食作物生长的重要条件，除了少数粮食作物适合在干旱和半干旱地区粗放种植之外（但产量很低），绝大部分粮食作物缺水是不能生长的，更谈不上稳产和高产。由此可见，“树”和“水”之于粮食，是何等重要。

# “五谷”的内涵

粮食是人类赖以生存的基础，始终关系国民经济发展、社会稳定和国家自立的全局性重大战略问题。有“五谷”之称的粮食，其内涵如何？对其进行深入的研究和剖析，是十分必要的。

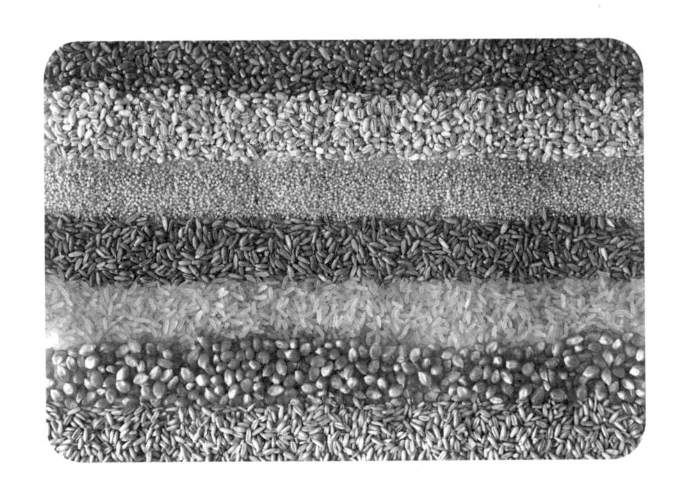

## 五谷的提出

在历代文献中，“五谷”之名始见于《论语·微子》：“子路问曰：‘子见夫子乎？’丈人曰：‘四体不勤，五谷不分。孰为夫子？’”子路是孔子的学生。这段对话的意思是：子路问一老人

说："您看见夫子（孔子）了吗？"老人回答说："四体不勤，五谷不分，谁是夫子（孔子）呢?!"孔子生于公元前551年，卒于公元前479年，是春秋后期鲁国昌平乡陬邑[①]人。《论语》是记录孔子及其弟子言行的语录文集，在这部儒家经典中"五谷"首次被提出，可见已是2 500年前的事。

今日在河南周口淮阳县城东北有个五谷台，传说是炎帝神农氏教人们种植五谷的地方；附近有个神农井，是神农氏教人们浇灌五谷而特意挖掘的。故此，有古籍记载："神农氏斫木为耜，揉木为耒，始教民艺五谷。"[②]《黄帝内经》中亦提到过"五谷"，"毒药攻邪，五谷为养，五果为助，五畜为益，五菜为充，气味合而服之，以补益精气"。告诫人们在应用峻烈药物时，要注意谷、果、畜、菜的调养配合，以确保人体的健康。管仲提出："五谷食米，民之司命也。"中国古代还有"贵五谷而贱金玉"的说法。至于民间贺岁词"五谷丰登""五谷丰稔[③]"和人们的问候语"五谷长得可好""多吃五谷"等，更是常见常闻。

无独有偶，国外也有称"五谷"的。仅以《圣经·创世记》所记载的就有多处，如"以撒回答以扫说：'我已立他为你的主，使他的弟兄都给他作仆人，并赐他五谷新酒可以养生'"；"约瑟积蓄五谷甚多，如同海边的沙，无法计算"；"约瑟对法老说：'……叫他们把将来丰年一切的粮食聚敛起来，积蓄五谷，收存在各城里作食物'"。凡此种种，说明"五谷"这一称谓在国内外流传极广泛。

---

① 陬邑，zōu yì，今山东曲阜城东南。

② 斫，zhuó，用刀、斧等砍；耜，sì，古代的一种农具，形状像现在的锹；耒，lěi，古代的一种农具，形状像木叉。

③ 稔，rěn，庄稼成熟。

## 五谷的解释

那么，“五谷”究竟指的是哪五种谷物呢？古往今来，众说纷纭，无以定论。

例如，《周礼·天官》载“以五味五谷五药养其病”，郑玄注：“五谷：麻黍稷麦豆。”《孟子·滕文公》载“树艺五谷”，赵岐注：“五谷：稻黍稷麦菽。”《楚辞·王逸注》载：“五谷：稻稷麦豆麻。”《成就妙法莲华经·王瑜伽观智仪轨》载：“五谷：稻谷、大麦、小麦、绿豆、白芥籽。”《藏气法时论》载“五谷为养”，王冰注：“五谷：粳米、小豆、麦、大豆、黄黍。”现代人们一般解释“五谷”为稻谷、小麦、玉米、高粱和大豆，或者解释为稻、麦、粟、黍、豆。

## 粮食的总称

实际上，人类食用的粮食并非只有五种谷物，诚如《本草纲目》所指出：“周官有五谷、六谷、九谷之名，诗人有八谷、百谷之咏，谷之类可谓繁矣。”《书经》中就有“百谷用成”的记载。《诗经》中也有“率时农夫，播厥百谷”的颂扬。查阅宋代罗愿的《尔雅翼》可知，百谷含粱20种、稻20种、菽20种、蔬果之实20种、助谷20种。

中国古代的粮食作物纵然有“百谷”之多，但似乎是由少到多逐渐发展起来的，先有“五谷”“六谷”“八谷”，然后发展到“九谷”“百谷”这般繁多，其数量之多着实令人不可思议。其实

理解也不难，我们可以设想，在人类茹毛饮血的原始时代，采撷野果和籽实充饥可谓是饥不择食，神农“尝草别谷”即为一例。这意味着凡是可以吃的果实都可以当作粮食，其种类当然是繁多的。

随着人类文明的进步和发展，人们开始淘汰那些不适合作粮食的品种，选择那些营养价值高的品种进行种植，并在长期的耕作中进一步去其粗劣，存其精华，其间虽也有些新的、外来的品种被发现或引进，但总的来说，粮食品种的演进是由粗到精，由杂到专，由多到少的过程。

“五谷”的出现标志着人们对农作物已经有了比较清楚的分类，“五谷”的不同解释只是表现了不同时代、不同地区粮食作物构成的差异。再者，由于中国有2 000多年的封建史，受“五行学说”的影响极深，“五”是一个吉利的数字，蕴含了“金、木、水、火、土”和“东、西、南、北、中”的理念。久而久之，人们不再去追究“五谷”究竟是哪五种粮食，而逐渐将“五谷”锁定为粮食的代名词，亦作为粮食作物的总称。

# 稻谷探源

粮食作物的出现，改变了人类游猎迁徙的命运。作为人类主要粮食作物之一的稻谷，其起源的历史如何？这是人们普遍感兴趣的话题。

## 起源于中国

根据遗传基因测定，我们现在栽培的稻谷，源起于野生稻。世界上的稻谷有两个生物学种：一个是亚洲稻，另一个是非洲稻。前者普遍分布于世界各稻区，后者现仅在西非有少量栽培。

在20世纪50年代之前的100多年间，国际上认为亚洲稻起源于印度，日本和韩国等也加入了起源之争；50年代以后，随着中国不断出土稻作遗存，国际学术界在争论和探索中逐渐公认了中国是亚洲稻的发源地。特别是1973年在浙江省余姚河姆渡遗址，距今约7 000年的人工栽培稻被发现后，更确立了中国是稻作起源地的地位。这些深藏在距地表3米以下第四文化层的稻谷，刚出土时色泽金黄，外形完整，甚至连稻壳上的隆脉和稃毛都清晰

可见。其堆积厚度达到50～80厘米，总量达百吨之多，可以算作至今世界上发现的最丰富的稻作文化遗存。

20世纪90年代初，有关研究人员在整理河南省舞阳贾湖遗址资料时，发现在遗址烧土碎块内有3条隆起的稻壳印痕和稃的长条格状纹路，通过扫描电镜观察及与现代稻壳形态相比较，认定为栽培稻，距今已8 000年。

1993—1995年，由中国和美国考古学家组成的中美联合考古队，对江西省万年仙人洞和吊桶环遗址进行累计为期近100天的考古发掘，发现了12 000多年前的野生稻**植硅石**标本和1万多年前的栽培稻植硅石标本。这是迄今为止发现的世界上最早的稻谷遗存。而印度的考古研究表明稻作的历史只有5 000年，日本发现的最早稻作至今3 000～4 000年，韩国发现的稻作历史也只有4 000～5 000年。这一切表明，中国是亚洲稻的发源地，也可以说是世界稻作的发源地。

## 源远传播路

稻谷具体源于何处，从什么地方向世界传播的呢？这亦是中外学者研究的课题。

早在20世纪上半叶，中国著名水稻专家丁颖认为，中国的普通栽培稻，是由中国的普通野生稻演化而来的。从喜马拉雅山麓的栽培稻发源地向南传播，经马来半岛、加里曼丹岛、菲律宾等，演化为籼稻；向北进入中国黄河流域，演化为粳稻，约在公元前300年传到日本。随后，又有众多的中外学者根据在云南发掘出的距今4 000多年的炭化稻谷各方面的情况分析，认为现今世界栽培的稻谷与云南的野生稻有亲缘关系，推论云南是稻谷的发源和演化变异中心，并且找出稻谷由此传播到世界各地的路线；之后，随着中外物资和文化的交流，又传到朝鲜、日本、马来西亚、菲律宾，后再由上述地方传到欧美及世界各地。

然而，1997年10月，在南昌召开的以稻作起源和稻作文化为主题的第二届农业考古国际学术讨论会，以翔实的科学资料佐证了新见解。尤其是中国社会科学院考古研究所博士生导师安志敏教授向会议提交的《论稻作的起源和东传》论文，得到了中外专家的肯定。他在论文中指出："我国史前稻作的地理分布，主要在淮河以南，而以长江中下游最为集中。根据对我国史前稻作发现地点的不完全统计，共达114处，其中长江中下游87处，占76.3%；长江上游4处，占3.5%；黄河、淮河流域13处，占

11.4%；辽东半岛1处，占0.8%；粤、闽、台9处，占7.8%。”这一统计充分显示史前稻作的分布以长江中下游为中心。

## 历史记载多

我们的地球不知存在了多少万年，我们的人类也不知和自然搏斗了多少万年，而有文字记载的历史不过几千年。中国自殷代起，才有正式史料记载，研究中国稻谷的历史也只能从殷代开始。

在考古学家对距今3 000多年前殷墟遗存的甲骨文进行研究时，发现有“稻”“秔[①]”“稴[②]”等字样。《诗经》中更是多次歌咏“稻”，如《小雅·白华》中有“滮池北流，浸彼稻田”;《小雅·甫田》中有“黍稷稻粱，农夫之庆”;《豳风·七月》中有“八月剥枣，十月获稻”等句。当时的稻谷，亦称“稌[③]”。如《诗经·周颂·丰年》中有“丰年多黍多稌”,《毛传》中有“稌，稻也”,《尔雅·释草》中有“稌，稻”，郭璞注云“今沛国呼稌”的记载。

《管子》等古籍还有关于神农时代播种黍、秫、菽、麦、稻的记载，稻被列为五谷之一。“五谷”有多种不同的说法，古代一般指的是稻、黍、稷、麦、菽，在现代人们将其视为粮食的代名词。

《吕氏春秋》记载魏襄王时，邺令西门豹引漳水灌溉农田，农民大获丰收。这大概是中国先民通过水利工程的兴建，变盐碱不毛之地为水稻良田之一例。

两汉至魏晋之后，记载稻谷的文献就更多了。司马迁在《史记·夏本纪》中追述传说中的禹：“以开九州，通九道，陂九泽，

---

① 秔，jīng，同“粳”。

② 稴，xián，同“籼”。

③ 稌，tú。

度九山，令益予众庶稻，可种卑湿。”表明中国先民在公元前21世纪，就已疏治河道，利用“卑湿”之地种植水稻。西汉晚期的中国最早的一部农书，也是世界上最早的农学专著《氾胜之书》记载：“三月种粳稻，四月种秫稻。”晋代的《广志》，有在稻田内种植绿肥，增加有机肥源，培植肥地的描述，反映了当时种稻技术已有相当的水平。北魏贾思勰在《齐民要术》中，不仅描述了稻谷的栽培技术，而且记载了稻谷的许多品种，仅糯稻就有九格、雉目、大黄、马牙、虎皮等多个品种。明代宋应星在《天工开物》中载：“凡稻种最多，不黏者，禾曰秔，米曰粳；黏者，禾曰稌，米曰糯”；“凡稻谷形，有长芒、短芒、长粒、尖粒、圆顶、扁面不一。其中米色有雪白、牙黄、大赤、半紫、杂黑不一。”同时，有关水稻栽培技术及品种的专著也相应出现，有宋代曾安止的《禾谱》、明代黄省曾的《稻品》等。

**小贴士**

**植硅石：**植硅石又称植物蛋白石，是一种存在于多种高等植物细胞中的显微结构小体，植物死亡后其能在土层和沉积物中得到很好的保存。通过对其形态的鉴定以及所确定的组合带，可以还原古代植物的原生地、种属和演进过程，推断远古时的环境变化及变迁等。

# 杂交水稻立奇功

水稻是中国人的主要粮食作物，种植面积占粮食作物总面积的30%以上，产量接近粮食总产量的一半，约有60%的人口以稻米为主食。但在相当长的时间内，中国水稻的单产得不到提高，20世纪初期平均亩产为100千克左右，即便到了70年代和80年代亩产也只有250千克和300千克，90年代初单产接近400千克，达到了世界先进水平。根据人口多而耕地面积少的国情，为确保粮食自给，中国必须大力提高水稻单产。

## 多么不容易

要提高水稻单产，除了科学种田、精耕细作之外，最根本的是要培育一大批应用于生产的产量高、适应性和抗逆性强的水稻种子。常言道："好种出好苗，种好出高产。"虽然人类已探究出45 000多个水稻品种，但没有一种的产量能达到人们的理想目标，于是杂交水稻便应运而生。

所谓杂交水稻，即由两个具有不同遗传特性的水稻品种，经过杂交以后而产生的一种新的杂合体水稻。但并不是所有两个亲本杂交的水稻品种都有杂交优势。《中国农业百科全书·农作物卷》指出："杂交稻的基因型为杂合体，其细胞质来自母本，细胞核父母本各半。由于杂种个体间的遗传型相同，故群体性状整齐一致，可作为生产用种。但从子二代起，出现性状分离，生长不整齐，优势减退，产量下降，一般不能继续作种子使用，所以需要每年进行生产性制种，以获得大量杂种一代种子，提供生产上使用。"由此看来，研究、培养杂交水稻是多么不容易。

早在1926年，美国农学家琼斯最先报道了水稻杂交的优势现象，次年又有人发现水稻雄性不育的现象。1958年，素有"水稻王国"之称的日本开始了杂交水稻的研究，十多年后获得初步成果，后因杂种优势不明显，未能应用于生产。1969年，美国紧步日本后尘，使出浑身解数开始研究杂交水稻，最终还是没有成功。1972年，曾因育成半矮秆水稻良种而闻名于世的国际水稻研究所，在杂交水稻研究上，因种子育性不稳定，无实用价值而宣告研究失败。

## 杂交稻之父

被誉为“杂交水稻之父”，共和国勋章获得者、中国工程院院士袁隆平，从20世纪60年代开始就致力于杂交水稻的研究工作。袁隆平通过总结多年培育杂交水稻的经验教训，提出采用“远缘的野生稻与栽培稻杂交”的方案，带领助手李必湖于1970年11月23日在海南岛的普通野生稻群落中，发现一株雄花败育株，将其与栽培稻进行杂交并获得了成功，从而坚定了他继续研究杂交水稻的信心。

1972年，农业部把杂交水稻列为全国重点科研项目，建立了全国范围的攻关协作网。功夫不负有心人，1973年10月，袁隆平发表了《利用野败选育三系的进展》论文，正式宣告中国籼型杂交水稻“三系”配套成功，这是中国水稻育种的一个重大突破。又经过13年的拼搏，1986年袁隆平提出将杂交水稻的育种从选育方法上分为三系法、两系法和一系法三个发展阶段，即育种程序朝着由繁到简且效率越来越高的方向发展。根据这一设想，杂交水稻每进入一个新阶段都是一次新突破，把水稻单产提高到了一个新的水平。

在成果面前，袁隆平并没有满足。又经过9年的拼搏，在1995年，两系法杂交水稻研究取得突破性进展，两系法杂交水稻在生产上得到大面积的推广，并且普遍比同期的三系杂交水稻每公顷增产750～1 500千克。截至2019年，杂交水稻在国内累计推广15亿亩，增产1.4亿吨，每年可多养活8 000万人，创造了粮食增产的奇迹，产生了巨大的社会效益和经济效益。

1998年8月，袁隆平又向超级杂交水稻研究的制高点发起冲击。他在海南三亚农场基地率领一支由全国10多个省（区）成员

单位参加的协作攻关大军，经过一年的日夜奋战，使超级杂交水稻获得小面积试种成功，亩产达到800千克，比许多水稻生产区的单产高1倍左右，且米质相当好。

## 更上一层楼

超级杂交水稻是指采用理想株型塑造与杂种优势利用相结合的技术路线等有效途径育成的产量潜力大，配套超高产栽培技术后比现有水稻品种在产量上有大幅度提高，并兼顾品质与抗性的水稻新品种。简言之，超级杂交水稻即超高产的水稻，是能够大幅度提高单产，且兼顾品质与抗性的水稻新品种。

“中国超级稻研究”是从1996年开始组织实施的国家重大科技项目，得到了党中央和全国人民的大力支持。1997年4月，农业部科教司与中华农业科教基金会在沈阳主持召开了中国超级稻专家委员会成立暨中国超级稻项目评审会议，会议决定由中国水稻研究所等11个科研和教学单位参加该项目，由此拉开了“中国超级稻研究”的序幕。

此后，中国超级杂交水稻的研究成果捷报频传：著名水稻育种专家邹江石领头选育的“两优培九”两系杂交中稻组合，具有高产、优质、耐肥抗倒和适应性广等特点。经专家验收，江苏、湖南等省14个百亩片和3个千亩片实收亩产超过700千克，高产田块亩产达800千克以上，该品种于2001年获得大面积推广。1997年，沈阳农业大学陈温福教授领导的超级稻课题组取得重大突破，“沈农265”“沈农127”等相继问世，并连续两年示范成功，其中“沈农265”最高平均亩产达到733.1千克；1999年第二代超级杂交水稻“沈农606”又培育成功，亩产突破800千克，实现了高产与优质的统一。2001年，福建农学院作物遗传育种研究所所长杨仁崔带领的攻关组，培育出超级杂交水稻“特优86”和“特优175”在示范田经专家测试验收，其中“特优175”亩产达1 185.5千克，创造了当时的世界纪录。

经过国内水稻育种和栽培专家的共同努力，中国超级杂交水稻育种的第一、二、三期目标如期实现，即2000年亩产达到了700千克，2005年亩产达到了800千克，2010年亩产达到了900千克。据2014年10月11日《人民日报》报道：由袁隆平领衔的超级稻第四期攻关项目获得重大突破，经农业部组织专家测产，湖南省溆浦县第四期超级稻百亩方亩产超过1 000千克，创造了1 026.7千克的新纪录。袁隆平专门赶到溆浦县测产现场，他说，此次测产超过1 000千克从实践上证实了超级杂交稻第四期攻关技术路线的可行性，从900千克攻关成功，到今天跃上1 000千克用了三年时间，比预期提前两年完成。长年累月，袁隆平躬耕在广阔的田野里，带领团队开展超级杂交水稻研究，攻克了一个又一个的难关，至2020年新育成的第三代杂交稻全年亩产达到1 530.76千克。

## 推广到国外

杂交水稻的成功，得到了各国同仁的承认，被国外称为是中国人继指南针、火药、造纸、活字印刷术之后，所创造的又一大奇迹。有人甚至称之为“东方魔稻”。

1980年3月，中国将杂交水稻技术转让给美国西方石油公司。这是中国首次向外国转让农业专利技术。一年后，又转让给另一家跨国公司——卡捷尔种子公司。到2008年，全世界有40多个国家和地区先后引进了中国杂交水稻品种。目前，杂交水稻已在印度、孟加拉国、印度尼西亚、越南、菲律宾、美国、巴西、马达加斯加等国大面积种植，年种植面积达800万公顷，平均每公顷产量比当地优良品种高出2吨左右。

为了让杂交水稻生产技术更快地传遍全世界，袁隆平等中国水稻育种和栽培专家曾多次应邀出国讲学和工作。中国水稻研究所还同国际水稻研究所多次联合举办杂交水稻国际培训班，为许多国家培养了大批杂交水稻专业人才。2007年5月22日，袁隆平做客人民网、新华网、央视国际网、光明网、中国广播网5家网站，对网友们说：“我们有一个计划，把杂交水稻推广到国外……计划在五六年内在国外发展到1 500万公顷，每公顷最低增产2吨，这样可以增产3 000万吨粮食，解决1亿以上人口的粮食问题。”

袁隆平曾经说过，他梦见水稻长得有高粱那么高，穗子有扫把那么长，籽粒有花生那么大，而他则坐在稻穗下乘凉。从振奋人心的杂交水稻的研究成功到超级杂交水稻栽培技术的应用推广，这个梦正一步步变成现实。

# 大　米

## ——生命之米

稻谷去壳为米，也有大米、稻米、白米的称谓。“国以民为本，民以食为天。”有人在这一谚语后面加了一句“食以米为纲”。作为人类的重要粮食大米，无论过去或现在，均倍受人们的珍爱。特别是以谷物类为主粮、占世界人口19%的中国人，大米更是其赖以生存的重要食物。

### 稻米的加工

说到大米，必然涉及稻米的加工。中国最早的稻米加工工具是棒、杵和石磨盘，这些工具大约产生于新石器时期。公元前5000多年的余姚河姆渡遗址出土的木杵、郑州裴李岗遗址出土的石磨盘与石磨棒，即那个时期捣舂、搓碾稻米的工具。到了夏朝人们发明了杵臼，使稻米的加工技术向前推进了一步。这种设备沿用了几千年，其一般以凿石为臼，上架木杠，杠端装上杵或尖硬的石头，使用时用脚或其他重物踏动木杠，使杵或石头上下起落，舂去谷物上的壳皮而获得大米。东汉桓谭于公元20年左右所著的《新论》描述道："宓牺之制杵臼，万民以济。及后世加巧，因延力借身重以践碓，而利十倍杵舂。又复设机关，用驴、骡、牛、马及役水而舂，其利乃且百倍。"

夏朝还发明了簸箕，使稻米在加工过程中所产生的秕糠得以去除。东汉李尤的《箕铭》曰："神农殖谷，以养烝民。箕主簸扬，糠秕乃陈。"明代宋应星的《天工开物》则对稻米加工做了较详细的记载："凡既砻则风扇以去糠秕，倾入筛中团转，谷未剖破者浮出筛面，重复入砻。""凡稻米既筛之后，入臼而舂。"表明稻米加工技术在古代已发展到了较高的水平。

近一二百年来，稻米加工从手工、畜力、简单工具加工逐步实现了机械化、连续化和自动化的生产。据《中国农业百科全书·农作物卷》介绍："在19世纪末，中国沿海地区相继出现了机制米厂，主要加工机械都是从国外引进的。1949年以来稻谷生产和加工技术都有了较大的发展……新建了一大批中、小型碾米厂……发展了用高速振动筛除稗、比重去石机去石、选糙平转筛谷糙分离和砂辊碾米机碾米等新技术和新设备。"除加工普通大米外，还生产档次较高的蒸谷米、免淘米、营养强化米、胚芽米等。

## 米分三大类

经过数千年的自然选择和人工培育，大米家族日趋繁荣。如按煮熟以后的黏性不同，大致可分为籼米、粳米和糯米（北方叫江米）三大类。

籼米：粒瘦而长，色泽灰白，半透明，**直链淀粉**含量高，胶稠度硬，膨胀性大，加热糊化时间长，出饭率高，饭粒松散，黏性小，口感较差。

粳米：短阔浑圆，色泽蜡白，半透明，直链淀粉含量较

低，胶稠度较软，膨胀性大于糯米小于籼米，加热糊化时间较长，出饭率比糯米高比籼米低，饭粒柔软香滑，黏性适中，品质极佳。

糯米：形状长圆，色泽乳白，不透明，也有的呈半透明状（俗称阴糯）。只含**支链淀粉**或很少含直链淀粉，胶稠度软，加热糊化时间较短，膨胀性和出饭率均低于籼米和粳米，黏性最大。

江南米乡，人们还习惯按照稻谷的收获季节不同，将大米分为早米和晚米。所谓早米，即插秧期比较早或生长期比较短、成熟期比较早的稻谷之米，一般在夏季收获。晚米，即插秧期比较晚或生长期比较长、成熟期比较晚的稻谷之米，多在秋季收获。无论籼米、粳米还是糯米，都可分为早籼米、晚籼米；早粳米、晚粳米；早糯米、晚糯米。

根据喜好，人们一般喜欢吃晚米而不喜欢吃早米，市场上的晚米价格也要比早米贵一些。早米口感不如晚米，这是由客观条件决定的。究其原因，主要是与这两种稻谷生育期的气候和环境条件有关。首先，早稻成熟期是在6、7月份，此时天气炎热，高温曝晒促成早稻灌浆时间短，成熟快，不利于优质稻米的形成；而晚稻成熟期是在9、10月份，白天温度较高，晚上温度较低，有利于稻穗灌浆成熟，没有高温逼熟现象，故大米的品质普遍比早米好。其次，也有认识方面的原因，传统观念认为，早米品质比晚米差，因而对早稻品质的改良没有引起重视，致使早稻品种品质先天不足，遗传基因差。

## 神州出奇米

在人们传统认识中，大米是白色的，但也并不尽然。纵观神州稻米，既有殷红如玛瑙的红米，又有灰黑如炭的黑米，也有紫如罗兰的紫米，以及血色米、绿色米等。

例如，洋县黑米，产于陕西省洋县，相传此米是在公元前140年被发现然后驯化的。它与普通大米外形基本相同，稍扁，色泽乌黑，内质色白，若煮成稀饭，则呈深棕色，风味独特，营养丰富，有“黑珍珠”“世界米中之王”的美誉。

云南紫米，产于云南省江城、墨江等地，分皮紫胚白和皮胚均紫两种。口感上有糯性和非糯性之分。这种米在当地还有“接骨米”之称，把它加入跌打中草药内敷在患处，有接骨医治创伤的效果。《红楼梦》中所说的“御田烟紫米”，指的就是这种米。

常熟血糯米，产于江苏省常熟市。其米色呈鲜红的血色，米粒大小中等，营养价值极高，具有补血强身之功，故又名补血糯，历史上被列为皇宫御膳的“御米”之一。早在1922年全国物产博览会上，血糯米就荣膺优质米大奖。

河北省丰南的胭脂米，米粒呈椭圆柱形，内外均暗红色，顺纹有紫红色线。煮粥、饭吃，香气扑鼻，味道极佳，剩饭再煮米粒不开花。清朝康熙皇帝东巡时途径丰南，吃了胭脂米煮的饭，顿时龙颜大悦，便钦定胭脂米为朝廷贡米。《红楼梦》中所提到的黑山村农民交租的大米，便是胭脂米。后来，不知何原因，胭脂米销声匿迹了。1954年，毛泽东翻阅古书时，发现了胭脂米的产地，指示农业科研部门挖掘开发，使胭脂米重见天日。

更值得一提的是香米。这种米全国许多地方都有出产，看上去与普通大米没有多大区别，但这种米含有一种叫“**古吗咻**”的挥发性芳香物质，若在其他米内掺入少许该米煮饭熬粥，即可满锅生香，诱人以食。早在三国时期，湖南江永县就产这种香米。魏文帝曹丕曾描述此香稻说：“上风吹之，五里闻香。”唐代陆龟蒙也有“遥为晚花吟白菊，近炊香稻识红莲”的诗句。贵州从江、黎平、榕江等地都产香米，素有“一亩稻花十里香”和“一家煮饭全寨香”之说。《黎平府志》记载：“香稻俗名籼禾，味极香美。”

## 主要营养素

大米的主要成分是淀粉，即中国居民膳食结构中的糖类，也称碳水化合物，一般占大米重量的74%左右。

在以植物性食物为主的膳食结构中，糖类占有十分重要的地位。孟庆轩、陈国珍编的《食物养生200题》将糖类的生理功能归纳为5点：①供给热能，为人体活动提供能源，维持体温。②构成身体组织。所有的神经组织、细胞和液体中都有糖类。③辅助脂肪的氧化。具有**抗生酮作用**以及预防酸中毒。④能帮助肝脏解毒。⑤能促进胃肠的蠕动、增加消化液的分泌。

据测定，每克糖类物质在人体内产生4卡路里[①]的热量。在中国人的膳食中，总热能的60%～70%来自糖类，10%～14%来自蛋白质，10%～20%来自脂肪。由此可见，大米对我们人类来说，真可谓是生命之米。

但大米的营养成分比较单一，尤其是含蛋白质较少，维生素、脂肪等也不多。这就决定了中国人以“五谷为养，五果为助，五畜为益，五菜为充”的传统膳食结构。人体所需的各种营养素，需要从各种不同的食物中摄取。例如，维生素主要来源于蔬菜和水果；脂肪主要来源于动植物油脂；蛋白质主要来源于乳类、蛋类、肉类等。故此，吃饭就一定要佐菜，通常叫作“看菜吃饭”或者是“吃饭咽菜”。

**小贴士**

**直链淀粉：**直链淀粉又名糖淀粉，与支链淀粉一起构成淀粉的主要成分，为白色的粉末状，是由葡萄糖组成的线性聚合物。较之支链淀粉具有膨胀性大、糊化时间长、胶稠度硬等特点，进食过多不容易被人体消化，黏附性和稳定性比支链淀粉差。

**支链淀粉：**支链淀粉又名胶淀粉，与直链淀粉一起构成淀粉的主要成分，为白色的粉末状，是由葡萄糖组成的带有支链的聚合物。较之直链淀粉而具有黏性强、膨胀性小、糊化时间短、胶稠度软等特点。

**古吗啉：**古吗啉是禾本科植物籽实所挥发出来的一种有机物，有特殊的香味。稻米内芳香物质的形成与产地的自然地理条件有着密切的关系，也是长期人工选育培植的结果。

---

① 卡路里为热量的非法定计量单位，符号cal，1cal=4.186 8J。

**抗生酮作用**：抗生酮作用是一种重要的生理现象。当体内有适量的碳水化合物存在时，它能有效防止脂肪不完全氧化而产生过量的酮体。

# 华民养生饭为本

中国人见面打招呼，常说“吃饭了没有?!”；亦以此作为问候语：“您吃饭了吧！”《说文》道：“饭，食也”“食，米也”。可见，古人所说的“饭”，即“吃”或“米”的意思。但南北方对“饭”的定义不同，北方的“饭”可以是任何一种粮食熟制品，而南方的“饭”则指的是大米饭。如称谓“吃饭”，无论南北方都可以理解为吃以大米或其他粮食烹制的食物。

## 蒸谷始为饭

大米的主要用途是做饭吃。《调鼎集》有句名言：“饭粥本也！”随园先生也认为“饭者，百味之本”。《食宪鸿秘》说得更清楚：“凡物久食生厌，惟米谷禀天地中和之气，淡而不厌，甘而非甜，为养生之本。”

中国人始有饭食，是伴随着栽培稻的出现而出现的。但那时的饭，并非是现在这样的烹法，而是以石板作锅，生火炒谷。严格说来，这并不能算饭，直到陶烹时代，才开始有现在这样的

饭。《周书》有云："黄帝始蒸谷为饭。"可见，饭在中国的历史中是相当悠久的。

以水为传热介质蒸谷为饭，是中国先民的一大创造。《诗经·大雅·生民》曰："释之叟叟，烝之浮浮。""释"即淘米，"叟叟"即淘米时发出的声音，"烝"义同"蒸"，"浮浮"即蒸饭时水蒸气向上翻腾。蒸饭必须有蒸饭的炊具。从出土的陶器鼎、甗（yǎn）、甑（zèng）、釜、鬲（lì）等看，在距今5 000～6 000年的神农时期就已经有了蒸饭的工具。尤其是陶甑，它是一种底部有许多小孔、上面有盖的炊具，最适合蒸饭。据王子辉1993年在新加坡《美食家》杂志上介绍："迄今为止，欧洲人还未使用过蒸笼烹调食物，就是在法国烹调术语里也没有'蒸'这一个词。"王子辉还进一步指出："蒸较之煮的方法，既能使食物少量地吸收水分，不使它的成分溶解或分解于水中，更多地保持食物的原味和原形，又因蒸的过程隔绝了氧气，可减少对食物中维生素的氧化破坏，所以从营养角度来说，蒸比煮要先进得多。"

## 吃饭需佐菜

从古至今，饭之所以长食不厌，其中一个重要原因是有以动物和植物为原料的菜肴在餐桌上与之相伴，乃吃饭佐菜。

最古老的吃饭之法，有文字考证的是《礼记·内则》中所列的"周八珍"中的二种，即"淳熬"和"淳母"。两者都是将煎得浓厚的肉酱和油脂，分别

浇在稻米饭和黍米饭上制成的。这与今天的“盖浇饭”极相似。在周代王宫内，设有一种专司王族“食、饮、膳羞”(《周礼·天官》)的官员，叫“膳夫”。据郑玄注：“膳，牲肉也；羞，有滋味者。”饭淡而无味，只有以动物和植物为原料烹制出来的菜肴佐餐才味美可口。可见，“膳羞”指的是各种菜肴。《周礼·天官》还说：“凡会膳食之宜，牛宜稌，羊宜黍，豕宜稷，犬宜粱，雁宜麦，鱼宜苽。”即牛肉宜与稻米饭配着吃，羊肉宜与黍米饭配着吃，猪肉宜与稷米饭配着吃，狗肉宜与粟米饭配着吃，雁肉宜与麦米饭配着吃，鱼肉宜与苽米饭配着吃。在现代人看来，这似乎太呆板了。这也许是周王朝繁文缛节之一例。《礼记·丧大记》在批评某些人只注意吃大鱼大肉，不食蔬菜和水果时说：“练而食菜果，祥而食肉。”先民的饮食同现代人一样，是以饭为主食，菜为副食的；副食中，首先应该吃蔬菜水果，其次才是吃肉。

## 古今烹饭法

综观古今烹饭的方法，不外乎蒸、煮、焖、煨（wēi）、煲几种。饭之为蒸，前面已有述说，需要补充的是，分“纯蒸”和“煮蒸”两种。“纯蒸”，即将大米淘洗干净以后，直接放入蒸具内将饭蒸熟，一次成饭。“煮蒸”，则是将大米用宽水煮成五六成熟后，捞出入笼中蒸熟，民间称为“捞饭”；那剩下的米汁，叫米汤，可以当汤喝，也可以用来喂猪和浆衣服。

“煮”饭之法，除前面说的同“蒸”联系在一起以外，还同“焖”联系在一起。“煮”中有“焖”，“焖”缺不了“煮”。通常是水开后下米，也有的水米同下，先用旺火煮（中途用锅铲推搅一两次），然后改小火焖成。有一次将水加准煮焖成饭的，也有以宽

水将米煮成六七成熟后，用筲箕[1]滤去米汤再焖成饭的。这种方法煮焖成的饭，一般都有锅巴。

“煨”饭见之于民间，大多是将陶罐盛装淘洗干净的米，加入合适的水，放在柴火灶内或炭火灰内，利用烧柴火或炭火留下的余火煨制而成。但此法只能煨制少量的饭，供一两人食用，米下多了是煨不熟的。

“煲”是现代人普遍烹饭之法，尤其是城镇居民，几乎家家户户吃煲饭。炊具多用电饭煲或高压锅。用这种炊具烹制出来的饭，不串烟，不夹生，无锅巴，原汁原味，饭香浓厚，营养价值高。

## 烹饭有技巧

烹饭较之烹菜看起来简单易做，其实并不容易，也要有技巧。有将饭烧焦的，有煮成半生不熟的，有煮得太硬或太软的。一锅好饭，对饭的软硬度、香味、口感都有严格的要求。《调鼎集》说：“善煮饭者，虽煮如蒸，依旧颗粒分明，入口软糯，其诀有四：一要米好，或香稻，或冬霜，或晚米……不使惹霉。二要善淘，淘净米不惜功夫。三要用火先武后文，焖起得宜。四要放水不多不少，燥湿得宜。”

清代美食家李渔对煮饭熬粥更是有所研究，他在《闲情偶寄》中说：“粥水忌增，饭水忌减。米用几何，则水用几何……用水不

① 筲箕，shāo jī，竹编制品，中国民间用来盛米、淘米的扁形竹筐。

均，煮粥常患其少，煮饭常苦其多；多则逼而去之，少则增而入之。不知米之精液全在于水，逼去饭汤者，非去饭汤，去饭之精液也。精液去则饭为渣滓，食之尚有味乎？”显然，作者是不赞成“捞饭”和去米汤烹制饭品的。这与今日营养学家倡导的煮饭方法如出一辙。诚如《食宪鸿秘》所云：“北方捞饭去汁而味淡，南方煮饭味足。”

将大米同其他粮食或食品原料烹制成饭，有的是要同米一起下锅，有的是米煮到一定程度才下锅，这主要是视食物的具体情况加以灵活掌握，如蚕豆饭、绿豆饭、赤豆饭、白萝卜饭、南瓜饭、红薯饭、藕饭等。两种或两种以上的食物混合在一起烹饭，这也是今日营养学家推荐的食饭之法，它可以促进人体对多种营养物质的吸收，丰富食味，刺激食欲。

## 名饭不胜举

中国饭同中国菜一样，十分丰富多彩，有些还是流传百世的珍品。下面略举数例，从中可见一斑。

青精饭。别名乌饭，始创于魏晋时期。据《本草纲目》记载，此饭是将白粳米浸在南烛木叶及茎皮煮取的青汁中，待上色后入甑蒸熟，然后晒干，再浸以青汁，复蒸，经“三蒸曝”而成。唐代诗人杜甫有诗赞曰：“岂无青精饭，使我颜色好。”又据《南越笔记》载，西宁有类似青精饭的食品，“以青枫、乌桕嫩叶浸之信宿，以其胶液和糯蒸为饭，色黑而香”。至今，在广东、苏南等地民间，仍有烹制类似青精饭的习俗。

八宝饭。全国流行盛广，通常是将糯米淘净，蒸成饭，然后在碗中抹少许猪油，放一层绵白糖，加蜜饯、果料等八种食品，再进行复蒸而成。不过，各地所用的“八宝”不尽相同，做法上略有差异。如上海的八宝饭，以赤豆沙、桂圆肉、糖莲子、瓜子仁、松子仁、蜜枣、青梅、红绿丝为“八宝”，制成后在饭上浇猪油、桂花糖汁。山东的八宝饭，以红枣、青梅、瓜条、核桃仁、瓜子仁、葡萄干、红绿丝、豆沙为“八宝”，制成后将桂花酱和香油浇淋在饭上。

烤竹筒饭。这是海南黎族极有特色的饭品。先截取一段底部带节的竹筒，然后装入淘洗干净的大米，加进适量的水，再放在火堆上慢烧细烤，待竹筒里的水烤沸以后，用木塞或树叶塞紧筒口，继续边烤边翻，熟后用刀子把竹筒剖开，就可以用饭了。此饭既有米香味，又有竹香味，甚为好吃。

荷叶包饭。系“两广”居家常吃的一种饭品，有“纯清”和“包馅”两种。前者荷叶里包的是泡洗好的新米，不经调味，蒸熟或煮熟后，配着菜吃；后者荷叶里所包的多用调好味的糯米，米上再放肉类及蔬菜，入锅或蒸或煮而成。正如《广东新语》所言：“东莞以香粳杂鱼肉诸味，包荷叶蒸之，表里香透。”

腊味煲饭。为广西白话方言区名品，多在冬至时吃。《中华民族饮食风俗大观》介绍烹制此饭的方法：先要将新收割加工出来的黏米（糯米）淘洗好，放入煲里，注入适量水，用旺火将其煮沸，接着把腊制品经清水漂洗后放入，再烧煮一阵儿便压火煲着。随着锅盖下阵阵蒸气冒出，独特而浓郁的腊味浓香扑鼻而来。讲究的饮食之家，会将煲熟的腊味改刀，拌以香葱、蒜、芫荽等作料，一家人围桌而食；简单的吃食之家，各人盛一碗饭，在饭上加一块腊味菜就可以尽情享受美味了。

扬州蛋炒饭。炒饭各地都有，其品种也多种多样。做法较为

简单，就是将冷饭加多种配料和调味料，经炒制而成。不过以扬州蛋炒饭最为出名。比如鸡蛋用得多，黄色突出，就谓之“金裹银”；鸡蛋用得少，白饭的白色突出，就谓之“银裹金”。现今，扬州蛋炒饭已从家庭走向饭馆，其品种有“蛋炒饭”“火腿丁蛋炒饭”“虾仁蛋炒饭”“肉丝蛋炒饭”“三鲜蛋炒饭”“什锦蛋炒饭”等数种，颇受食客欢迎。

# 粥记

中国人以稻米为主食，吃法除煮成饭之外就是熬成粥。粥即稀饭，过去台湾、广东、福建等地亦称“糜（mí）”，并依照粥的浓稀，称浓粥为“饘（zhān）”“箸（zhù）头挑”，稀粥为“酏（yǐ）”，更稀的为“汤”，水米各半的为“糜”。不过这些咬文嚼字的称谓，现代人很少用，大多称粥或稀饭。

## 烹谷始为粥

传说粥出现于黄帝时期，《周书》载：“黄帝始蒸谷为饭，烹谷为粥。”《说文解字》也说：“黄帝初教作糜。”黄帝时期或黄帝本人是否发明了粥，尚没有足够的证据说明。从“粥”的本义来讲，“粥”古字为“鬻（yù）”。这“鬻”字，上半部“米”字左右有两张“弓”，似有米被沸水夹击相煮之意；下半部“鬲”，是一种陶炊具，形容米在鬲中煮的情景。煮粥缺少不了炊具。根据在江西、河北的考古发现，以及印度的考古资料进行分析，陶制炊、餐具的创

制始于距今11 000～10 000年。美国学者断定粥出现在距今9 000年前后。综合各方面的资料推算，黄帝时期出现粥是有可能的，但不一定是“始烹”，在黄帝之前“始烹粥”的可能性更大些。

《吃在台湾》杂志曾载文推测：“中国人煮粥的历史，可能比煮饭还早，因为从技术上看，若要把米煮成汤汤水水的粥，只要在米中多放点水，稀一点或稠一点都没有关系，煮烂即成；但是如果要把米汤收干，把米煮成软硬适中且粒粒晶圆的干饭，就需要一点技巧，因为该放多少水，该用什么火候，都是学问。经验证明，一锅好吃的干饭，一定历经了无数锅稀饭、焦饭的失败累积，才煮制而成的。”

文字记载最早的，除“鬻”字外，《礼记·月令》中有：“是月也，养衰老，授几杖，行糜粥饮食。”可见在商周时期，中国先民吃粥已相当普遍。

## 一日不可缺

清人薛宝辰在《素食说略》中说：“粥为人一日不可缺者。”在中国的大江南北，男女老少没有不吃粥的。特别是早上，人们更是习惯将粥作为早餐。吃稀饭佐咸菜，稀饭就馒头，稀饭就烧饼，稀饭就油条……，已成为大多数人的基本早餐。《本草纲目》引北宋张耒（lěi）《粥记》说得好：“每晨起，食粥一大碗。空腹胃虚，谷气便作，所补不细。又极柔腻，与肠胃相得，最为饮食之良。”

事实上，中餐和晚餐吃粥的情况也屡见不鲜。尤其是在炎热的夏季，人们遭受酷暑的煎熬，汗流浃背时，吃上一碗粥，既能充饥又能解渴，十分惬意。海南本土有许多人是一日三餐都吃粥的，只有在招待客人时才吃干饭。他们的生活习惯是“爱稀不爱干”。

这与当地的炎热天气有关，还可能因为过去粮食短缺，人们不得不“以稀代干”。居住在五指山深山区的黎民，直到新中国成立前夕，还保留着刀耕火种、集体劳动、平均分配的生活方式，每天早起煮好一天三餐所需的粥。其他地区的黎民，一天煮两次饭，早上煮好早饭和午饭，下午再煮晚饭。普遍是把饭煮熟后，用冷水将其冲成稀饭，平时不喝水，而是用饭米汤解渴。

贫穷之家，以粥充饥，不仅节省粮食，而且佐粥的菜只要有一点萝卜条、腌菜、酱瓜、豆腐乳、小咸鱼就行了。有人说“喝粥”是贫穷的代名词，从某种角度看，确实如此。富贵人家，平时吃多了大鱼大肉、香米干饭，也会喜欢吃粥来解腻。吃粥的好处，正如陆游赋诗曰：“世人个个学长年，不悟长年在目前。我得宛丘平易法，只将食粥致神仙。”

## 品种花样多

吃了几千年的粥，其品种花样也不断翻新。例如，在南宋临安的饮食店里，仅《武林旧事》提到的“粥”就有“五味粥”“馓子粥”“绿豆粥”“七宝素粥”“糕粥”“糖粥”等10多种，且春秋不同，冬夏有别。明代《本草纲目》收录粥品50多种，清代《老老恒言》收录粥品100多种，《粥谱》则收录了200多种。真是丰富多彩，不可胜数。

古今以广东的粥品最为闻名。民谚说：“要吃粥，去广州。”广东粥出名的原因，一是煲煮得好，二是用料精，三是种类多。凡鱼、肉、虫、蔬、

果、杂粮等均可入粥。名品有鱼生粥、及第粥、鲍鱼粥、虱目鱼粥、水蛇粥、蟛蜞[①]粥、猪骨粥、竹蔗粥、福圆粥、猪红粥、艇仔粥、皮蛋粥、鸡片粥、生菜粥、八宝粥等，名目繁多。

## 粥品三大种

在众多的粥品当中，如若分类，大致分为清粥、咸粥和甜粥三大种。清粥，即淡粥。其口味极为清淡，既无油盐，也无甜味，通常是纯净的白米粥。但也有加入绿豆、赤豆、蚕豆、豌豆、高粱等杂粮和瓜仁、莲子等干果的，吃起来更觉舒坦爽口。吃这种粥必须佐菜，或者配其他咸、甜味食品吃。

咸粥是一种粥菜兼备的粥，粥内混有虾米、鱿鱼、禽畜肉、蔬菜、果实等配料。著名的广东粥就属于咸粥的范畴。还有台湾河洛人吃的粥，也大都是咸粥。如菜瓜糜、菜头（萝卜）糜、蚝仔糜、蚝干糜、肉糜、米豆糜、番薯签糜、乌甜仔糜等。这些粥味道鲜美，不用再配菜就可以直接享用，很适合作为简单的早餐或当点心吃。

甜粥，顾名思义是甜的粥，除了用到米外，配料主要有果实、豆类或药材等，然后再加入糖煮甜；或者是加入红枣、桂圆干、荔枝干、葡萄干之类的，使其自然甜甘。这种粥具有食补作用，极受小孩及体弱多病的老人钟爱。如果在粥中加入南瓜、红薯等本身带有甜味的食材，或绿豆、豌豆等本身无甜味的食材，再放

① 蟛蜞，péng qí，淡水产小型蟹类。又称磨蜞、螃蜞。学名相手蟹。

盐和糖，则成了半咸甜粥。

另外，还有介于粥饭之间的锅巴粥和冷饭粥。前者是将锅巴用米汤或开水经泡或煮制成的粥，后者是冷饭经开水浸泡或煮制而成的粥。可干可稀，灵活随意。尤其是冷饭粥，上海人称为泡饭。头天煮晚饭时多下些米，将剩下的饭留在第二天早晨用开水泡一泡，就饭和水而吃之。冷天通常用锅煮一下，天不冷也就免了加热的程序，借着开水的温度，就着油条、咸菜即一顿早餐。

## 腊八好吃粥

中国人除了在平日吃粥外，也常在某些节日吃特殊的粥，以示庆祝或对神灵的祭祀。在一年当中，吃粥的节日有立春、清明、冬至、腊八节和腊月二十五。其中以腊八节吃粥的习俗最为人们所熟知。

腊八即阴历十二月初八，宗教说法是佛祖释迦牟尼得道成佛的日子。相传释迦牟尼在成佛之前，曾遍游印度的名山大川，访贫问苦，拜师求学，苦练修行，探求人生的真谛。一日因饥饿疲劳过度昏倒在地，恰巧遇到了一个牧羊女。牧羊女将家里仅剩的大米、杂粮和野果放在一起煮成粥，一口一口地喂予释迦牟尼。释迦牟尼吃后顿觉精神振奋，在尼莲河洗了个澡，然后坐在附近的菩提树下静思，于十二月初八这天悟道成佛。此后，一些佛教徒便在腊月初八这天烧香祭拜，诵经演法，吃腊八粥，以示对佛祖的纪念。进而，吃腊八粥的食俗传到民间，许多有钱人还施

粥布善，让孤苦无依的人也能共沐佛恩。

“百里不同风，十里不同俗。”腊八粥的做法各地不同。据《燕京岁时记》载：“腊八粥者，用黄米、白米、江米、小米、菱角米、栗子、红豇豆、去皮枣泥等，合水煮熟。外用染红桃仁、杏仁、瓜子、花生、榛穰[①]、松子及白糖、红糖、琐琐葡萄以作点染。……每至腊七日，则剥果涤器，终夜经营。至天明时，则粥熟矣。”煮腊八粥的食材无论多寡，但有一点是肯定的，即不是单一的米。大体上讲，米有糯米、粳米、黍米、薏仁米、小米、高粱米之类；干果有红枣、桂圆干、莲子、荔枝干、栗子、核桃仁、松子、白果、葡萄干、山楂之类；豆有豌豆、黄豆、红小豆、扁豆、豇豆之类；调味品有糖、盐、油之类。有些地方还加腊肉、羊肉等。大多腊八粥的口味是甜的，也有烹制成咸或辣味的。

## 其实并不易

煮米熬粥，看似简单，其实并不容易。《随园食单》说：“见水不见米，非粥也；见米不见水，非粥也，必使水米融洽，柔腻如一，而后谓之粥。”按此标准，不仅水与米的比例要合适，就连火候的大小缓急、熬煮的时间长短都是有讲究的。只有煮得水米交融，黏稠适度，添加配料的味道尽汇其中，才恰到好处。

亘古及今，人们在烹制粥品的过程中积累了许多经验。如《老老恒言》载，煮粥之米“以香稻为最。晚稻性软，亦可取。早稻次之。陈廪米[②]则欠腻滑矣”；火候要适中，“火候未到，气味不足。火候太过，气味遂减”；还主张“煮粥须水先烧开，然后下

① 穰，ráng，榛子肉。

② 陈廪（lǐn）米，一般指陈仓米。陈仓米为稻经加工后，入仓年久而变色的米。

米，则水米易于融和”。《粥谱》在《粥之宜》中说：“水宜洁，宜活，宜甘。火宜柴，宜先武后文。罐宜沙土，宜刷净。米宜精，宜洁，宜多淘。下水宜稍宽，后毋添……”凡此经验之谈，至今仍有一定的参考价值。

加入配料熬煮粥品，还要根据食材的特点灵活掌握。有的是将配料同米一起下锅，有的是待米煮成半熟以后下配料，有的是待配料煮成半熟以后下米，有的是粥煮熟以后再下配料。这主要看所用配料易不易熟，虽属一般常识，但对于注重口感的食客也是应该予以提示的。

# 米制小吃花样多

除了烹制粥饭，大米还可用来制作各种风味小吃。据分析，糯米的成分几乎是支链淀粉，**淀粉酶活性**低，黏性强，支链淀粉抑制气体的生成，不能为**酵母繁殖**提供养料，故可做不需要发酵而又糯润软滑的粽类、团类、糕类等米制小吃。籼米和粳米，因淀粉酶活性较高，黏度低而不会抑制气体的生成，能为酵母繁殖提供养料，故既可通过发酵制成甜香酥脆的糕类、米面锅巴，又可不通过发酵制成鲜美可口的米粉、米线等米制食品。米制小吃不可胜数，下面举出一些常见的品种。

## 年糕和糍粑

### （1）年糕

年糕是一种以糯米、黍米或粳米为主要原料，经泡米、磨粉、造型等多道工序蒸制加工而成的食物。旧时在春节期间食用，现在江南许多地方的超市平时也有年糕供应。其品种比较多，各地不一样，有三宝年糕、咸猪油年糕、玫瑰百果蜜糕、豆沙卷心糕、红枣年糕、红豆年糕、五色大方糕、桂花糖年糕等。在外观上，更是各有千秋。如安徽休宁一带的年糕，大都是用木模制成某些动物或花卉的形状，有的还印上诗句，蒸熟后点上红点，晾干后放在水里贮藏，随吃随取，因而又叫潮糕。安徽黟（yī）县一带的年糕木模，还有元宝、寿桃、麒麟送子等花样。因年糕质地较黏，春节又值岁首，故吃年糕寓意“年年（黏黏）高（糕）”，一年胜过一年。

过年为何要吃年糕呢？传说春秋时期，吴国君主阖闾建都苏州。为了防止敌国侵袭，吴王下令修建城墙，并由国相伍子胥督建。吴王驾崩以后，其子夫差继位。夫差专横跋扈，一心想吞并齐国。伍子胥多次进谏主张“联齐抗越”，不与越和。夫差非但不听，反而与其疏远，坚持出兵攻打齐国。后来，吴王夫差灭了齐国胜利而归，伍子胥对同僚说：“灭齐之事并不可贺，如此专横之君，怎得人心？日后必有大乱！”与此同时，伍子胥又想到自己曾苦谏，日后必遭杀身之祸，便对几个知己说：“我若遭祸而死，如果国家有难，民众缺粮，可到相门城下掘地三尺，即有粮食可充饥。”事隔不久，伍子胥果然遭奸臣诬陷，被夫差赐剑自刎而亡。伍子胥死后不久，吴国便遭越国重重围攻，军民饿死不少。时值春节将至，这时有人想起伍子胥的话，派人到相门去拆城挖地，原来城基之“砖”是用糯米蒸熟后压制成的。这是当年伍子胥督建城墙时设下的“屯粮防急”之计。京城军民便以这些“城砖”煮食充饥。为了铭记伍子胥的功绩，后人便制作年糕，一直流传到今天。

**（2）糍粑**

糍粑在古代称为餈（cí）。《周礼·天官·笾人》中有“糗饵、粉餈”的记述，西汉扬雄《方言》记曰：“饵谓之糕，或谓之餈。”

东汉末年郑玄考释，饵与餈“皆粉稻米、黍米所为也。合蒸曰饵，饼之曰餈。”唐代贾公彦疏曰：“今之餈糕”。饵与餈虽同属于糕，但古时在加工上是有区别的。饵是将米磨成粉后制成的糕；餈则是将煮熟的米，捣烂制成的食品。

糍粑的制作并不复杂。一般是将糯米淘洗干净，浸泡一天左右，放入甑里蒸熟，然后趁热放入石臼内，用专门的木杵或木槌一上一下地抽擦和捣打，待糯米团里已完全不见米粒而成黏泥状时，便可出臼做粑。通常是将糯米团放在案板上，用手按压成圆形或方形的大块，待其快要冷却的时候，用刀划成小块，一摞一摞地叠放。也可以在按压糯米团时，直接将糍粑做成各种不同的形状，小的半斤至八两[①]，大的四五千克重。用来送礼的糍粑都比较大，上面还装饰着双龙戏珠、孔雀开屏等图案，并书写有吉祥如意、恭喜发财、健康长寿等字样，象征吉祥。湖南溆浦一带的居民，还在蒸制糯米时掺入其他食材，制出特殊色彩和风味的糍粑。如枣红色又糯又粉的饭豆糍粑、灰绿色的蒿菜糍粑、金黄色的玉米糍粑等。为了使糍粑久存不变质，他们将加工好的糍粑放上两三天后，再放入冷水中存放，大约一个星期换一次水；或者放入冰箱冷藏。

① 斤、两均为非法定计量单位，1斤＝0.5千克，1两=50克。

## 米粉和米线

（1）米粉

米粉和米线是用籼米或粳米磨制成粉浆加工出来的面条状食品。前者粗如绳索，后者细如棉线，古代统称为米缆。宋人楼钥《攻媿[1]集》卷四《陈表道惠米缆》云："平生所嗜惟汤饼，下箸辄空真隽永。年来风痹忌触口，厌闻来力敕正整。江西谁将米作缆，捲送银丝光可鉴。"可见，至少在宋代，米粉和米线是不分的。严格说来，米粉应被称为米粉条，因为大米经加工磨碎而成的粉末状原料也被称为米粉。但传统已成自然，米粉的称谓已经深入民间，这叫作"一名为二物"也。

米粉的吃法有许多，综合各地的做法，大致可分为汤粉、炒粉和凉粉三种。汤粉是在煮好的米粉中加入事先调制好的汤料，或在米粉上放些辅料，如排骨、鸡丝、火腿丁、虾仁、牛羊肉、鸡蛋、菜叶、笋干等；炒粉是将米粉煮熟、沥干，待锅内油热后加入葱、姜、蒜等调料，再加入荤素菜爆炒，最后将熟米粉放入其中合炒而成，喜欢吃芫荽[2]的，还可在上面撒点芫荽末点缀；凉粉是将煮熟的米粉摊凉以后，不经爆炒和汤煮，直接放在大碗内，加入酱油、醋、芝麻酱、辣椒油、榨菜丁、萝卜干、葱、姜、蒜等，充分拌匀以后食用。广西的"马肉米粉"、江西的"炒米粉"、

① 媿，kuì，愧的异体字。

② 芫荽，yán sui，别名胡荽、香菜。

四川的“米凉粉”、湖南的“辣子粉”等都颇具特色。尤其是广西的“马肉米粉”，在制作时将腌制或腊制的马肉切成像纸一般的薄片，铺在用沸滚的马骨头汤浇注的米粉上，每碗米粉只有约20克，长约1米而不断，极富有地方特色。

（2）米线

米线源起于魏晋南北朝时期。有人考证，北魏《齐民要术》中记载的“粲（càn）”，即油炸米线。宋代陈造的《徐南卿招饭》中“江西米缆丝作窝”之句，可说明当时的米线已细如丝，并可做成窝状干品。明代《宋氏养生部》还记载了米线的详细加工方法。自清代至今，米线的加工方法已从手工制作转变成机械制作。比较而言，以云南、福建、江西、四川、广东等地的米线质量为好。名吃又以云南的“过桥米线”最为出色。

“过桥米线”源于一段传说：在云南蒙自有一位秀才，为了考状元，独自住在湖中小岛上攻读诗书，以躲避人来客往的应酬，一日三餐由妻子送饭。一个大雪天，妻子一大早就起来杀了一只老母鸡，放在瓦罐内炖熟，送给丈夫吃。可是秀才因专心读书，竟忘记吃饭了。过了数小时，经妻子提醒，饥肠辘辘的秀才才端起饭碗，他发现瓦罐里的鸡汤还是烫的，于是便抓取一把妻子在路上买的米线放在鸡汤里泡着吃，竟感觉味道十分可口，鲜美异常。妻子看到丈夫吃得津津有味，便经常给丈夫送鸡汤和米线。由于这位妻子每次送饭要经过一座桥才能到达小岛，以后这种鸡汤泡米线也就被称为“过桥米线”；因秀才寒窗苦读而考中了状元，故又称“状元米线”。

现在“过桥米线”的食材已不限于鸡汤和米线，还包括汤头、荤素辅料、调味料等。一般汤用肥鸡、猪骨等熬制；荤菜辅料用鸡胸脯片、乌鱼片、猪里脊片、鸭血、猪肝等；素菜辅料多用豌豆尖、嫩菠菜、芫荽等；调味料除熟鸡油、鸡精、盐，还包含芝麻油和辣椒面。食用时，用大海碗盛汤，放少许熟鸡油，使汤面上浮起一层厚厚的油，以保持高温，随后将肉片放入汤中烫熟，接着再烫米线和鲜菜。

## 煎堆和油糍

**（1）煎堆**

煎堆又名煎䭔（duī），其最早的文字记载出现在唐代。初唐诗人王梵志有诗云：“贪他油煎䭔，爱若菠萝蜜。”清代屈大均《广东新语》还记有煎堆的食俗和制法：“广州之俗，岁终，以烈火爆开糯谷，名曰煎堆心馅。煎堆者，以糯粉为大小圆，入油煎之，以祀先及馈亲友者也。”这一习俗一直沿袭至今，故民间流传着“年晚煎堆，人有我有”的歇后语，另有“煎堆碌碌，金银满屋”的吉祥话。

现今煎堆的品种相当多，在广东就有顺德龙江煎堆、中山石岐煎堆、南海九江煎堆等数种。但从大类上区分，无非空心煎堆和实心煎堆两种。制作空心煎堆时要将糯米磨成湿粉，揉和成饼状，而后慢慢地捏成一个圆球形，均匀地沾上芝麻，入油锅炸制；一般要炸三次，每炸一次，煎堆就胀大一些，炸第三次时就更大了。制作实心煎堆即在空心煎堆的基础上，包入

馅料，馅料多为冬瓜糖、豆沙、椰蓉、莲蓉、火腿丁、糖冰肉、蜜饯等；油炸时，要边炸边不停地翻动，以使其厚薄一致，圆团均匀，几分钟后捞起，晾一会再炸，如此反复三四次，直到表皮呈金黄色为好。大的煎堆如足球，小的似橙子，吃起来皮酥馅脆，香甜可口。其制作技艺，也融合进了其他地方小吃的制作中。如湖北的麻团，俗称“欢喜坨”，就很像煎堆，只是它的皮没有煎堆的酥，馅料也没有煎堆的脆和粉，大都带黏性，吃时要趁热才更有味道。

（2）油糍

过去湖北有首民歌：“新春将临千万家，老公要酒请人客，儿要帽来女要花，媳妇要新衣回娘家，老婆要糯米做油粑。”油粑即油糍，又称油糍粑、瓮子粑，是鄂、湘、川等地的传统节令米制小吃。

油糍的做法通常是把糯米和绿豆分别煮熟以后，捣制成泥；将糯米泥揪成一个个小团，用手捏成厚薄匀称的鸟巢状外皮，另将绿豆泥调好味后搓成丸子，逐个包入糯米泥内，压扁成圆形粑坯，放在旺火的锅中油炸至熟。成品金黄光亮，外糯内粉，香酥爽口，十分好吃。也有的是将糯米粉揉好之后，同别的馅料，诸如饭豆泥、冬瓜糖、椰蓉、肉丁等混合后做成粑再炸而成，但口感较之前者要逊色得多。广东的软糍，在制法上与油糍有许多相似之处，它是将糯米粉皮包上莲蓉馅料，压成饼状后，放在蒸笼里蒸熟，取出放入盆里，撒上椰蓉供食。二者的区别在于，油糍是用油炸的，软糍是用笼蒸的；油糍炸好以后就可以食用，软糍出笼以后要在上面撒一层配料食用。

油糍做得最好的，要数湖北红安（原黄安）。据说唐代杜牧的《清明》诗，就是杜牧在红安吃了瓮子粑、喝了杏花村的酒后突发灵感创作的。明代思想家李贽（zhì）晚年辞官，先后在红安、麻城著述讲学，与莫逆之交耿定理在天台书院吃红安油糍是他的嗜好。

## 粽子和汤圆

（1）粽子

粽子是用菰（gū）叶或竹叶把糯米包住，内放馅料或不放馅料，扎成三角锥体或其他形状后，煮制而成的一种食品。相传，战国时期爱国诗人屈原，于农历五月五日投汨罗江悲愤自沉。当地人闻讯后，争先恐后地划着船去抢救。大家不忍心让诗人被鱼鳖吃掉，就用竹筒装着糯米投入江中，好让鱼鳖吃饱后，不再去伤害屈原的躯体。以后演进成用菰叶、竹叶等包粽子和“龙舟竞渡”等风俗，以示人们对屈原的怀念。

其实，粽子最早出现在北方，是用黍米包制成的角黍。据东汉应劭的《风俗通义》记载：“俗以菰叶裹黍米，以淳浓灰汁煮之，令烂熟，于五月五日及夏至尝之。”南朝梁时《荆楚岁时记》亦载：“夏至节日食粽，周处谓为角黍，人并以新竹为筒粽。”魏晋南北朝时期，随着南北饮食文化的交流，人们把北方的角黍和江南的筒粽合称为粽子。正如明代李时珍在《本草纲目》中所指出：“古人以菰芦叶裹黍米煮成，尖角，如棕榈叶心之形，故曰粽，曰角黍。近世多用糯米矣。”

在漫长的历史进程中，粽子的形状多种多样，有三角粽、四角粽、菱角粽、锥粽、筒粽、秤砣粽、枕头粽等。其品种有咸、甜两大类。前者有火腿粽、猪肉粽、腊肠粽、排骨粽、鸡肉粽、

什锦粽等；后者有豆沙粽、枣子粽、赤豆粽、莲蓉粽、柿干粽等。其中又以浙江湖州粽子最为有名，如今在海外华人聚居的地方，如美国的洛杉矶、旧金山等地都可见湖州粽子。包粽子用的糯米是精致的圆糯，包叶用的是带有青色的新竹叶，馅料多用鲜猪肉、脂油细豆沙。其包法是一头扁平一头凸起，扎结得极紧。通常用大火煮好后还要捂上一两个小时，这样才肉糜米烂、渗透均匀，且有一股清香。

（2）汤圆

“正月十五闹元宵，家家户户吃汤圆。”这是流传在中国许多地方的民谚。汤圆，先秦称“麻团”，传说是古代周部落的杰出首领公刘所制。唐代称“画茧”“圆不落角”。宋代叫“浮圆子”“团子”，后来又叫“粉果”“团圆”“水团”等。因是每年正月十五元宵节必食的民间小吃，物随节意，故统称为“元宵”。据传民国初年，袁世凯当上了临时大总统后还想称帝，遭到全国人民的反对。他在洪宪元年（1916年）登基后，自知不得人心，因忌讳“元宵”有“袁消”（袁世凯被消灭）之嫌，遂下令将“元宵”改叫“汤圆”。当时有人写打油诗嘲讽袁世凯：“袁总统，立洪宪，正月十五称上元；大总统，真圣贤，‘大头’顶‘铜元’，‘元宵’改‘汤圆’。”

汤圆有南汤圆和北汤圆之分。前者在制作时，需先将糯米洗净，泡至米粒松软时，加水磨成浆，再装入布袋压干，然后取出湿粉，搓揉成圆形丸子，可填馅也可不填馅；后者大多是将搓好

的馅用大笊篱盛着往水里一蘸，接着放在盛有糯米粉的大筛子里摇，等一个个的馅沾满糯米粉后，再如此反复蘸水、滚摇，直至成汤圆形状（今多用机械制作）。当然，现在到处都有汤圆粉出售，买回来就可以直接制作汤圆。

随着人们生活水平的提高和速冻食品产业的发展，汤圆其实已经超出了节日食品的范畴，不单超市里有名目繁多的速冻汤圆，就是在许多街头便利店乃至小菜场里，一年四季都能找到汤圆的身影。烹调时可煮、可炸、可烤、可蒸，还可拔丝，可谓千变万化，成品风味各异。名吃有四川的“赖汤圆”“郭汤圆”，广东的“潮汕汤圆”，浙江的“缸鸭狗汤圆”，上海的“乔家栅汤圆”，湖北的“鄂州汤圆”，等等。

## 花糕和锅巴

（1）花糕

糕的品种相当多，仅广东名点就有芋泥糕、萝卜糕、千层糕、马拉糕、棉花糕、九层咸糕、白糖伦教糕等几十种。这些糕品，大都是将大米磨成粉后，配合其他食材精心调理蒸制出来的，多属于凝固体干制品，由大块分割成小块；也有的柔软得像棉花，多为鲜吃品，以作早点为佳。

然而，最有代表性而富有民族风味的要数花糕。因古代多在重阳节吃，故又称重阳花糕。唐代武则天在每年重阳节时会命宫女采集百花，和米捣碎，蒸成花糕。时人有诗云：“中秋才过又重

阳，又见花糕各处忙。面夹双层多枣栗，当筵题句傲刘郎。”据原故宫博物院研究馆员苑洪琪介绍，清宫视重阳花糕为传统美食，自九月初一起，宫中御茶膳房就开始准备做花糕的原料：精选糯米、黏黄米、粳米研磨成粉；将辅料红枣、核桃、松子、瓜子去皮去核，苹果脯、山楂脯、青梅、瓜条等蜜饯果脯切成碎块；熬蜂蜜，炼奶油、猪油……九月初二起就开始用各种熟制方法制出黏花糕、炉花糕、蒸花糕、奶子花糕。每日由皇帝分赐宫内妃嫔及大臣们食用，直到九月九日晚膳为止。

当然，吃重阳花糕还有另外一层意思，因“糕”与“高”同音，且重阳有登高之俗，所以人们通过吃重阳花糕来祈盼“百事俱高”“万事如意”。《渊鉴类函》引《岁时论》道：“民间（九月）九日，以片糕搭小儿头上，乳母祝云：‘百事皆高。’又糕上置小鹿数枚，号‘食禄糕’。”“九”为阳数，在有些地方过重阳节时，嫁出的女儿还要给娘家送花糕，一般是一盒内有两大九小，取“二九”重阳相逢之意。民谣有云：“中秋刚过了，又为重阳忙。巧巧花花糕，只因女想娘。”

（2）锅巴

锅巴，是用铁锅焖饭时在锅底形成的结块焦黄饭。魏晋南北朝时称为“焦饭”“锅焦”，现在有些地方亦称“饭嘎巴”。因为具有硬、脆、香的特点，锅巴既可以干嚼食用，也可以用开水浸泡食用，还可以煮成锅巴粥和作菜食用，是中国米食文化的代表。

据《世说新语》记载，东晋末年，有个在吴郡当差的小吏叫陈遗，因其母最喜欢吃“铛底焦饭”，他便随身带一布袋，每天将

郡中烧饭时剩下的锅巴收集起来，送给母亲吃。后来，适逢孙恩聚众起兵谋反，当时吴郡征兵抵御，陈遗应征入伍。谁知吴郡军粮不足，战败后饿死的人不计其数。而陈遗因带着一袋没来得及交给母亲的锅巴，从而得以充饥活命，这才能够重新见到母亲。时人视其为“纯孝之报”，并且把这件事写进了《孝子传》。到了清代，人们还发明了锅巴菜。如清代袁枚《随园食单》就记有“白云片”的制法：“南殊锅巴，薄如绵纸，以油炙之，微加白糖，上口极脆。金陵人制之最精，号‘白云片’。”

现今各地的锅巴菜肴和锅巴小吃相当多，如苏州的“虾仁锅巴”、福建的“鱿鱼锅巴”、无锡的“天下第一菜”、汉口的“虾仁口蘑锅巴”、安徽的“双脆锅巴”、扬州的“三鲜锅巴”等。这些菜点常以鲜虾仁、肉片、鸡丝、鱿鱼、口蘑等为配料，经加入不同的调味品烩制成滚烫的汤汁，端上桌时将其浇到炸好的热锅巴上，顿时发出“哗哗”的声响，所以通常又被称为“一响满天红”“平地一声雷”。由于此菜点有声有色，有形有味，热气升腾，香味四溢，因而很能引起食客的兴趣和食欲。

## 醪糟和米花

### （1）醪糟

醪糟（láo zāo）在《内经》中称为“醪醴（lǐ）”。有人考证，《诗经·周颂·载芟》中所说的“为酒为醴”之“醴”，即醪糟。现俗称米酒、酒酿。入馔供食，与其说是酒，倒不如说是汤羹

或粥品。但也有纯净的米酒汁液，多于市场上出售。由于含有大量的葡萄糖、多种维生素和氨基酸等营养物质，酒精度几乎为零，酒香和蜜香浓郁，入口甜美，所以极受人们喜爱，也适合儿童吃。

许多地方用醪糟制作小吃，如四川的“醪糟小汤圆”，是将小指大小的汤圆（不包馅料）煮好以后，加入醪糟烩制成的。吃来味甜酒香，汤圆软糯。山西洪洞人则在醪糟中加入藕粉、桂圆、鸡蛋等配料，做成“藕粉醪糟”“桂圆醪糟”“蛋花醪糟”等10多个醪糟品种，成为每年农历三月十八庙会观光的必食之品。上海的“醪糟圆子”，江苏苏北的“醪糟饼”，浙江宁波的“醪糟糯米块”“醪糟桂圆烧蛋”，以及近年沪郊泗泾、七宝、朱家角一带盛行的“酒酿糟肉”等，也都很有风味。

那么，醪糟是怎样做出来的呢？说来也比较简单，一般是将糯米煮成硬米饭，然后摊凉，拌上适量的糖化发酵剂（又称小曲、酒药），装入容器内封严，放置在温度30℃左右的室内，经约30小时，待有酒香味溢出以及有糖液渗出，即大功告成。食用时根据各人的口味和需要，可吃醪糟米粒，可加入开水或凉开水将醪糟冲淡后连汁带米饮服，也可放入锅中加入配料煮制食用。易熟的配料可同醪糟一起煮制，不易熟的则要先将配料煮好，再加入醪糟烩制，以避免因长时间的煎煮而使醪糟失去酒香和甜味。

（2）米花

米花即爆米花，有的地方叫炒米，分米开花和米不开花两种。最初不是供吃食，而是供占卜年成、运气用的。宋人范成大《范石湖集》记载：“拈粉团栾意，熬稃膈膊声”；并自注：“炒糯谷以卜，俗名孛娄（bó lóu），北人号‘糯米花’。”《田家五行》也记载：“雨水节，烧干镬（huò，古代的大锅），以糯稻爆之，谓之‘孛娄花’，占稻色。”雨水时节，人们会将锅子

烧热，放入糯稻，使其在高温下膨胀爆开，以此预测稻种的收成，爆开的糯稻叫“孛娄花”。明代在江浙一带极为盛行，每年岁首，家家必做爆米花。李诩《戒庵老人漫笔》中有诗记其事：“东入吴门十万家，家家爆谷卜年华。就锅抛下黄金粟，转手翻成白玉花。红粉美人占喜事，白头老叟问天涯。晓来妆饰诸儿女，数片梅花插鬓斜。”那些少男少女用米花占卜自己的婚姻大事，而体弱多病的老人却用其预测流年吉凶。一旦获得好兆头，便把米花撒在儿女们的头上，犹如迎春梅花插在鬓头。

随着岁月的流逝，用米花占卜的习俗已不复存在。现今加工米花多用爆米花机，但农家也有农家的“土办法”，即先将糯米蒸成饭后晒干，然后将干饭粒放在热锅中翻炒，使其遇热膨胀成白色的米花。也有在糯米蒸晒过程中揉进油、糖、盐等调料，杂以特制的细沙，倒进烧热的锅中干炒，待米粒爆裂，由灰黄色变成粉白色时，盛出，再用筛子筛去沙子，就得米花。

干嚼米花口感松脆，越嚼越香；如果加入奶酪、黄油、红糖等，味道更佳。在米花中加入麦芽糖，做成米花糕或米花团子，存放在密封的坛子或扎好口的塑料袋里，几个月也不会皮软变味。贵州布依族人将米花盛入碗中，放入几勺蜂糖，用滚沸茶水冲成米花蜂糖茶，作为招待亲朋贵友的极好饮品。

## 小贴士

**淀粉酶活性：** 淀粉酶几乎存在于各种植物中，分为$\alpha$-淀粉酶和$\beta$-淀粉酶。其活性受遗传基因、环境因素、温度变化等条件的影响，尤以禾本科植物种子的淀粉酶活性最旺盛。反映在大米淀粉酶上，其活性的强弱，决定了淀粉分解的难易程度，也决定了食品构成的特性，如黏度、膨松度、口感等。

**酵母繁殖：** 酵母是真菌的一种，呈黄白色，圆形或卵形，内有细胞核、液泡等。通过有性繁殖和无性繁殖，能在米和面团的发酵中产生大量的二氧化碳，使米和面团疏松多孔，体积增大，并改善其风味、增加营养。广泛应用于米面加工、酿造、烘烤等食品工艺。

# 风味各异的外国米饭

现今世界吃米饭的地域，除亚洲的中国、日本、印度、越南、菲律宾等国之外，已扩展至欧洲的西班牙、意大利、法国，非洲的摩洛哥、阿尔及利亚等地。有研究显示，全球吃大米的人口有30多亿。由于世界各国人民的生活习俗及饮食习惯不同，做出的大米饭也各具风味。

## 日本寿司饭

寿司是日文中的汉字，亦写作鲊（zhǎ）或鮨（yì），原意是指一种在拌醋的饭中加鱼贝类与蔬菜的食品。中文译名常按其意译为“醋饭团”“紫菜饭团”“饭团子”或“生鱼饭”。虽有点牵强，但米饭的确是构成寿司的最基本原料。

寿司的品种名目繁多，款式花样百出。最有代表性的是“握寿司”，将煮熟的米饭拌入醋后，用手捏成圆形的饭团或长方形的饭块，然后在表面涂一层日本芥辣酱，再在上面敷一层生鱼片或虾、蟹肉等，这样做成后便可食用了。另外是“押寿司”，押寿司一般要有押箱作为模具，先把配料放在押箱最下面，然后在配料

上面铺一层处理过的醋饭，最后用力将押箱盖压下去，使食物挤压在一起，形成一个大块寿司，将大块寿司切成小块食用即可。再就是“装填寿司”，即将大块油豆腐的一端切开，然后填进饭团、海鲜、禽畜肉、蔬菜等食物制作而成。还有近年流行的“手卷寿司”，其做法是用海苔将米饭与其他的食物原料卷成如蛋筒般的形状，这种寿司方便边走边吃。

## 韩国汤泡饭

泡饭最简单的吃法，一是将滚烫的汤汁、茶或开水冲入饭中拌匀，佐以菜肴食用；二是反过来将米饭放进滚烫的汤汁、茶或开水中搅拌泡过后，再配菜佐餐。韩国不仅泡菜出名，其泡饭也为人们所熟知。

韩国泡饭，像具有代表性的“豆腐辣汤泡饭”，是以鸡高汤为汤底，加入豆腐、辣椒酱、虾仁、干贝、蛤蜊、火腿肠、金针菇等原料，待汤汁烧开后盛入碗内，打个生鸡蛋，最后将米饭倒入碗中搅匀，撒上葱花，趁热连饭带汤吃。但无论辣汤里用什么原料，鸡高汤、辣椒酱、豆腐、蛤蜊、生鸡蛋是不可少的，这5种原料具有提味增鲜的作用。尤其是辣椒酱，其是在煮熟的糯米糊中，加入生辣椒末、干辣椒粉、糖、盐、鸡精配制而成的。

## 新加坡鸡饭

新加坡的农业在国民经济中的比重不到1%，主要是园艺种

植、禽畜饲养和水产养殖，粮食几乎全靠进口，水果也只有芒果、椰子、榴莲等少数品种。由于新加坡的华人居多，鸡饭成为当地华人美食的骄傲。

顾名思义，鸡饭是用鸡做成的饭，不过不是用鸡肉配饭而是用鸡汤煮米制成的饭。米用的是泰国香米，鸡用的是中国海南的文昌鸡。这种鸡的肉肥厚而柔嫩，骨细小而软脆。烹制时，先将整只鸡放入宽水内白煮至熟，再将淘洗干净的大米放进鲜汤内煮制成鸡饭；饭熟后加入咖喱、葱花爆香的鸡油等调味，这样做成的鸡饭具有饭粒油润、鲜香味美的特点。煮熟的鸡可切成小块（即白切鸡），蘸独特的调味汁吃，其味细嫩、爽口。再喝几口用鸡汤与青菜叶、豆腐做成的鸡汁豆腐汤，真可谓妙不可言。

## 泰国菠萝饭

泰国大米粒大饱满，晶莹透亮，煮成饭后香糯松软，非常可口。泰国人用大米和菠萝为主料制作的菠萝饭，亦举世闻名。菠萝又称凤梨、香梨、露兜子，是热带著名水果。其果肉含有丰富的糖分、蛋白质、柠檬酸和多种维生素以及矿物质，吃起来肉嫩多汁，清香甜爽，略带酸味。早在100多年前，泰国人就用这种水果做菠萝饭。其制作的方法是：把菠萝洗净后顺长剖开，挖出菠萝肉，将其切成丁块，同米饭、叉烧肉、鸡蛋、虾仁等原料和多种调料一起混炒，炒熟后立刻填入挖空的菠萝壳内，盖上壳盖，让饭和配料吸收菠萝的果香。菠萝饭具有色、香、味、形俱佳的特点。如果将填满炒饭的菠萝放在烤箱里烤几

分钟，米饭中菠萝的甜香味更加浓郁。这种饭极受泰国人和世界旅游者欢迎。

## 印度咖喱饭

印度以大米为主食，多采用蒸、煮和煲的方法将大米烹制成白饭，佐以菜肴进食。人们还会在米饭中加入咖喱、鱼、肉、蛋和蔬果类食品，这样做成的便是招待宾朋好友和节庆时的咖喱饭。

印度咖喱一般以丁香、芥末子、茴香子、胡荽子、黄姜粉和辣椒等香料调配而成。这种调味品由于用料重，且不用椰浆减轻其辣味，所以辣味强烈浓郁。烹制咖喱饭要先将咖喱放入锅中同米及配料一起拌炒，让咖喱渗入米及配料之内，然后加水煮成饭，装盘时用黄瓜、小鱼干、芒果等围成花边。这种饭具有醒胃提神、增进食欲的作用。尤其在炎热的夏天，吃这种饭使人先是辣得冒汗，而后辣得有味，最后暑气渐消。

## 印尼黄姜饭

印度尼西亚是个群岛国，位处印度洋热带地区，气候相当炎热。为了增进食欲，“辣”便成为当地人饮食中不可缺少的一部分，无论大人、小孩，男人、女人都嗜辣。黄姜饭便是这里具有代表性的风味饭食。

黄姜粉是一种既辛又辣的调味品。制作黄姜饭时，要先将大

米与黄姜粉一起放在水中浸泡，使米粒沾染上黄姜粉的独特金黄色，再将米放进蒸锅中蒸至半熟，然后加入适量的椰浆蒸至熟透，熟后盛在盘中食用。由于黄姜饭混合了黄姜粉和椰浆的扑鼻香味，配上海产品、禽畜肉和蔬果做成的鲜辣菜肴，吃了使人胃口大开。饭后再喝一杯冰冻椰浆汁，能令人消除暑气，清凉心脾，十分惬意。

## 西班牙海鲜饭

常言说：“靠山吃山，靠水吃水。”西班牙靠近大西洋，海产品特别丰富，天然的条件使得西班牙人从小就爱吃鱼虾及各种来自海洋的食品。当地人用多种海产品做饭，创造了世界闻名的西班牙海鲜饭。

过去西班牙海鲜饭的烹制方法是，首先将橄榄油倒进平底锅内烧热，再放入海鲜、大米、肉类、调味料及番红花一起翻炒，而后放进烤箱烤至七八分熟即大功告成。演变到今天，西班牙海鲜饭的做法更加简单，即先将橄榄油、番红花、奶油炒香的洋葱、鸡肉（或牛肉、火腿、蔬菜等）和淘洗干净的大米一起翻炒，然后倒入适量的高汤，并将鱼、虾、贝类等海鲜食材摆在上面，盖紧锅盖，移至微波炉中加热，便可制成用料丰富、色泽诱人、味道香美的西班牙海鲜饭。不过西班牙人喜欢吃半熟的饭，米饭和配料以七八分熟为好。且西班牙人不分主食和副食，因此这种海鲜饭既可当饭吃，也可当菜吃，被誉为“国菜”。

## 摩洛哥米饭沙拉

中国人教育小孩:“莫把饭当菜吃;”或者反其意:“莫把菜当饭吃。”其意思是说从小就要养成良好的饮食习惯,饭和菜要互相搭配,吃饭佐菜,不可光吃饭不吃菜,也不可光吃菜不吃饭。但在许多国家,人们却常把米饭作为菜肴的点缀或点心的配料。摩洛哥的米饭沙拉,便是一个很好的例子。

“沙拉”是英语单词salad的音译,许多地方译成“色拉”或“沙律”,泛指一切凉拌菜。摩洛哥米饭沙拉的做法是,将玉米、青豆、胡萝卜煮熟,洋葱用奶油炒香,食用时再将上述食材混在一起,拌入少量的硬米饭,淋上柠檬汁,撒上红椒粉、胡椒粉等调味料即成。如果你以为这样的米饭是一种以米饭为主的沙拉饭食,那就大错了。

# 蒸谷米絮语

据有关报道，全球约有1/5的稻谷被加工成蒸谷米，这种米被欧美、泰国、中东等地区的民众奉为营养大米且广受青睐，目前它是美国、德国、意大利等发达国家的首选米类主粮。

## 有点儿陌生

蒸谷米对于我国的大多数人来说，也许有点儿陌生。其实，蒸谷米是一种将稻谷进行清理、浸泡、蒸煮、干燥等水热处理后，再按常规方法脱壳碾制而成的纯天然、营养型的大米。由于这种米主要供出口，加工复杂，价格昂贵，因此只在网上偶有销售，市场上很少见到。

蒸谷米较之一般稻谷加工的大米，确有许多优点：一是出米率高。蒸谷米呈天然的琥珀色（煮熟后呈米黄色），外形整齐，颗粒莹润，紧致饱满，大小均匀；能多产10%左右的成品米，基本上没有碎米。二是营养价值高。在稻谷进行水热处理的过程中，米粒外层的皮层、糊粉层和胚中所含的蛋白质、脂肪、维生素及矿物质等，能较多地吸附到蒸谷米的米粒内层的胚乳中，即大米淀粉内，使之不致流失在米糠里。三是耐贮藏。稻谷蒸煮后，丧失了发芽能力，附着在稻谷上的大部分微生物被杀死，这就减少了虫害侵蚀，使其不易霉变和虫蛀。四是煮饭粥香美。

蒸谷米保留了稻谷中固有的芳香物质，煮熟之后，具有浓郁的天然谷物香气；易熟，膨胀性好，饭略带韧性，粥软糯回甘，容易消化，尤其适合病人和小孩食用。五是升糖指数低。蒸谷米的加工过程最大限度地保留了稻谷中固有的膳食纤维，使淀粉结构得到了优化。蒸谷米还兼具糙米的特点，其升糖指数比普通精白米低40%左右，因而食用后会降低升糖速度，极受糖尿病人欢迎。

## 萌芽于春秋

蒸谷米萌芽于春秋时期，是在蒸过的稻谷种子基础上发展起来的。根据历史记载，春秋时，在吴国与越国的一次战争中，吴兵攻入越境，越国兵败国亡，越王勾践弃阵逃到会稽山（今浙江绍兴东南），被迫向吴王夫差求和。

勾践囚禁在吴国三年，忍辱负重，于公元前491年被释放回越。为了灭吴，勾践将国都迁到会稽，卧薪尝胆，励精图治，招兵买马，加强战备，以求雪耻复国。他采用了大夫文种的“破吴七术”，其中有“宜择精粟，蒸而与之”。这一年，越国假借年景不好，向吴国借粮。夫差见越国是他的战败国，便借出了一些。第二年，越国加倍把稻谷还给了吴国。夫差见越国挺讲信用，又见还来的稻谷籽粒饱满，便下令把这批稻谷分给老百姓，用来做种子。谁也没有想到，这批稻谷都是蒸熟了的，播种下去不能发芽，结果误了一年的收成，造成了吴国饥荒。此举给勾践灭吴创造了条件，后勾践乘夫差北上争战之机，发兵袭吴，遂一举灭吴成功，其成为春秋时代最后一个霸主。

## 湖州蒸谷米

越王勾践灭掉吴国以后，越地百姓丰衣足食，过上了好日子。人们从勾践还给吴国的稻谷实际上是蒸谷稻这件事得到启示，将稻谷蒸熟以后碾成米煮饭、粥吃，较之一般大米煮的饭、粥要好吃得多，于是越地人民便年年在秋收季节做蒸谷米食用。其中尤以湖州蒸谷米世代相传。早在宋代《梦粱录》中，就有关于将湖州蒸谷米作为商品米运往临安（今杭州）的记载。《随息居饮食谱》还称："湖州蒸谷，或炒谷而藏之，作饭甚香。"将稻谷蒸熟或炒熟，经一系列处理加工成蒸谷米，在中国稻米加工史上确实是一大创造。至今，湖州农村仍保留着专门用来蒸谷的木蒸笼，逢年过节时人们会将稻谷蒸熟脱壳后食用。

## 快速发展中

关于我国蒸谷米的加工，除了浙江有悠久的历史外，四川和广东也有不少的历史记录。至今巴蜀人称蒸谷米为"火米"，粤港人称蒸谷米为"半熟米"或"蒸熟米"。但长久以往，中国蒸谷米加工技术大多停留在手工作坊式的操作水平上，得不到发展和提高；有的甚至只是将稻谷浸泡以后，用蒸笼蒸熟，砻[①]谷脱壳，碾

① 砻，lóng，去掉稻壳的工具，砻谷是稻谷脱除颖壳的一道工序，其机械称为砻谷机。

去皮层，晒干或烘干，机械化蒸谷米厂极少。因此，国际市场蒸谷米贸易很长一段时间被泰国、乌拉圭等国垄断；而国内市场则无人问津，很少有人能吃上国产蒸谷米。

为了同世界粮食加工新技术接轨，建立面向海外的粮食产业链，填补中国蒸谷米的出口空白，2004年11月，中国粮油食品（集团）有限公司和江西金佳谷物有限公司合资兴办了中粮（江西）米业有限公司。经借鉴美国、泰国以及欧洲国家成熟的蒸谷米生产工艺，引进美、德、英等国的先进加工设备，该公司成了当时被称为亚洲最大，现代化、自动化、集约化程度均为国际一流的蒸谷米企业，所加工的蒸谷米销往欧洲、美洲、中东、非洲等地区。从而开启了我国蒸谷米产业发展的新征程；同时也向世界宣布，中国已经掌握了国际领先水平的蒸谷米机械装备制造系统，建立了国内蒸谷米行业发展标准。

统而观之，我国的蒸谷米行业无论从装备制造、加工技术，还是产品和质量都已经迈入产业化、规模化的快速发展时代。老百姓能方便吃上国产蒸谷米指日可待。

# 小麦探源

田家少闲月，五月人倍忙。
夜来南风起，小麦覆陇黄。
妇姑荷箪食，童稚携壶浆。
相随饷田去，丁壮在南冈。
足蒸暑土气，背灼炎天光。
力尽不知热，但惜夏日长。

以上诗句摘自白居易的《观刈麦》（刈，yì，割草或谷类），系作者在唐元和二年（807年）任盩厔（zhōu zhì，今陕西周至）县尉时，写的一篇反映农民收割小麦的作品。援引此诗探求小麦的渊源。

## 小麦原称“来”

从广义上讲，麦是麦类的总称，有大麦、小麦、荞麦、燕麦等，其中以小麦种植面积最多，食用最广，故人们称谓“麦”多指小麦。

小麦最早的称呼叫

"来"。繁体字为"來"，是"麦"的象形字。"來"似麦穗，甲骨文写作"[illegible]"，后来又在"來"字下面加"夂"，像是麦的根，这才出现繁体字"麥"。明代李时珍《本草纲目》记载："许氏《说文》云：天降瑞麦，一来二𪍿，象芒刺之形，天所来也。如足行来，故麦字从来从夂。夂音绥，足行也。诗云，贻我来牟是矣。"据《汉字拾趣》解释，"来牟"是"麦"的拆音字。所谓拆音，就是把"麦"字的字音拆开来读；也可以把"来牟"两字读快点，就能读出"麦"字的字音来。由此，"来牟"又成为古代对小麦的另一称谓。一些文人墨客还认为，凡与粮食有关的字均应从"禾"，而"麦"字无"禾"，因而"麦"的象形字"來"，可写作"䅘"或"⿰禾来"。这"䅘"或"⿰禾来"亦指的是小麦。不知何原因？《梵书》则称小麦为"迦师错"。

## 传统起源说

按照传统的说法，小麦起源于西亚。先由野生一粒小麦和拟斯卑尔脱山羊草天然传粉，进化成二粒小麦；然后二粒小麦与粗山羊草"通婚"，才得到穗大、籽粒多的普通小麦。在西亚和西南亚一带，至今还广泛分布有野生一粒小麦、野生二粒小麦及与普通小麦亲缘关系较近的粗山羊草。叙利亚西南部、以色列西北部和黎巴嫩东南部则是野生二粒小麦的分布中心和栽培二粒小麦的起源中心。

按照考古学家在中亚许多地方发掘的小麦遗存推论，小麦是新石器时代人类对其野生祖先驯化的产物，栽培历史已有10 000年以上。其后，从西亚、近东一带传入欧洲和非洲，并东向印度、阿富汗、中国等地传播。《中国农业百科全书·农作物卷》记载：早在公元前7000—前6000年，在土耳其、伊朗、巴勒斯坦、伊拉克、叙利亚、以色列就已广泛栽培小麦；公元前6000年在巴基斯坦，公元前6000—前5000年在俄国的希腊和西班牙，公元前5000—前4000年在俄国的外高加索和土库曼，公元前4000年在非洲的埃及，公元前3000年在印度，公元前2000年在中国，都已先后种植小麦。

## 中国起源说

判定农作物的起源栽培史，一方面，依据历史文献记载；另一方面，依据所发掘的古文物资料，和与这种作物亲缘关系密切的野生种分布情况以及气候条件等各方面的因素。从考古学和实际情况看，中国也可能是小麦的发源地之一，只不过较之西亚晚了一些而已。

据1957年第3期《考古学报》报道，在安徽亳县钓鱼台遗址的一件陶鬲[①]内，发现906克植物炭化籽粒，经中国农业科学院专家鉴定，为小麦。陶鬲的产生时代为西周（后被农史专家称为

① 鬲，lì，中国古代陶制炊器。

“西周小麦”），距今约2 900年。

据1958年第6期《考古通讯》报道，在云南剑川海门口的一处早期铜器时代遗址，1957年发掘时发现了烧焦的麦穗，其年代测定为距今3 300年。

据1983年第1期《农业考古》报道，在新疆罗布泊的几座古墓里，1979年发掘时发现有许多小麦籽粒，且保存良好。经四川农学院专家鉴定，为普通小麦和圆锥小麦，经测定为距今4 000～3 600年。

据1989年第1期《农业考古》报道，1985年夏季，在甘肃民乐县东灰山古文化遗址采集到多种炭化植物种子，其中有普通型、大粒型和小粒型小麦数百粒，其年代测定为距今约5 000年。

还有许多出土小麦文物的报道，不一一列举。由此不难看出，小麦在中国的栽培历史至少已有5 000年，在距今4 000～3 000年前，小麦不仅在中国西部已有广泛的栽培，而且在南部、东部和中部也有种植。

当然，仅以出土小麦文物来断定中国也是小麦的原产地，似乎有些太武断。困扰人们的是，迄今中国尚未发现野生一粒小麦和二粒小麦。但在黄河中游和伊犁河谷许多地方，早就有大片的粗山羊草原生群落，在西藏高原亦发现有麦穗自行断节的普通小

麦原始类型。再说周代还有《麦秀歌》,《史记·宋微子世家》云:“其后箕子朝周，过故殷墟，感宫室毁坏，生禾黍，箕子伤之，欲哭则不可，欲泣为其近妇人，乃作《麦秀之诗》以歌咏之。其诗曰:‘麦秀渐渐兮，禾黍油油。彼狡僮兮，不与我好兮！’所谓狡僮者，纣也。殷民闻之，皆为流涕”。湖北当阳有“麦城”、山东商河有“麦丘”等地名。这些均可作参考。世界上，一种农作物发端于多处是常有的事。

# 面粉的一些事儿

广义上，面粉指麦类粉的通称，如小麦、大麦、莜麦、荞麦等原料磨制成的粉，但由于小麦的产量占麦类作物总产量85%以上，且小麦粉的应用相当普遍，因此习惯上面粉指的是小麦粉。

## 小 麦 的 结 构

面粉由小麦籽粒磨制而成，小麦籽粒由皮层、胚乳和胚三部分组成。

皮层是麦粒的保护组织，占籽粒总重量的5% ～ 11.2%，其主要成分是纤维素和半纤维素，还含有一定量的蛋白质、脂肪、维生素、水分和灰分等；所含的有色物质，使麦粒显示出不同的颜

色，故有白色麦、红色麦或琥珀色麦之分。

胚乳又叫淀粉胚乳，是小麦的主要成分，重量占麦粒总重量的90%左右，其中有大量的淀粉、蛋白质，另外还有水、极少量的脂肪、纤维素和灰分等。

胚由胚根、胚轴、胚芽和子叶（盾片）构成，位于麦粒的最下部，重量占种子总重量的2%～3%，含有大量的蛋白质（包括酶）和糖，另外还有纤维素、脂肪及B族维生素和维生素E。

磨粉时，胚乳是面粉的主要组成成分，麦麸则来源于皮层。由于胚的脂肪容易变质，一般在磨制之前被分离了出来，另作他用；如不分离，则一部分进入面粉，另一部分进入麦麸。根据需要，有时加工面粉还对面粉进行漂白或增加营养添加剂。

## 面粉的产生

小麦在食用之前，必须磨制成粉。即通过加工，将胚乳与皮层和胚分离开来，经筛制，取其面粉制成各种食品。

中国面粉产生于周代，是用石磨加工而成的。《事物原始》引《世本》道："公输般作磨硙[①]之始。编竹附泥，破谷出米，曰硙。凿石，上下合，研米麦为粉，曰磨。二物皆始于周。"公输般即鲁班，他在鲁国发明了石磨，从而使小麦能加工成面粉。这对以吃小麦为主的北方居民来说，改变了其原来的"粒食""糁[②]食"吃法，逐渐以"粉食"为主。

从河北邯郸战国墓和陕西秦王朝的故都栎阳遗址等出土的石磨来看，当时的石磨还十分粗糙，可知出粉率还不算高。到秦汉时，用石磨加工面粉则到了成熟的阶段，并且已被广泛使用。湖

---

① 硙，wèi，石磨。

② 糁，shēn，谷类磨成的碎粒。

北云梦出土的《睡虎地秦墓竹简·秦律十八种·食肆》载："麦十斗为■[①]（麸）三斗。"东汉人许慎在《说文解字》中也有意思相近的记载。十斗麦子，可磨制成七斗面粉，出三斗麦麸。面粉同麦麸的比例为7 ：3，这与现代不分上下。

1968年，中国考古工作者在河北满城挖掘出西汉中山静王刘胜的墓，墓内北耳房内发现有一盘石磨，磨下有承接面粉的铜漏斗，磨旁有一具推磨牲畜的遗骸，表明当时已有使用畜力的石磨。到了3世纪的西晋时期，嵇含的外兄刘景宣创制了"策一牛之任，转八磨之重"（《太平御览》）的畜力连磨，其机械化程度已较为先进。明代宋应星在《天工开物》中记述："凡小麦既飏[②]之后，以水淘洗，尘垢净尽，又复晒干，然后入磨。""凡麦经磨之后，几番入罗，勤磨不厌重复。"这种加工程序合乎现代制粉的工艺原则。

这一切都印证了中国民俗中的一句老话："工欲善其事，必先利其器。"中国面粉的产生，与其加工工具的发展和技术的提高是分不开的。

## 面粉的种类

目前，市场上供应的面粉，按照加工的精细程度，可分为特制粉、标准粉、普通粉和全麦粉四大种。

特制粉又称头号粉、精白粉、富强粉，是最大限度地清除麸皮所得到的面粉。其粉质精细、洁白、劲力足、含麸量极少，面筋质（湿重）不低于26%，灰分含量不超过0.75%，水分含量不超过14.5%。适用于制作面包、空心面条、面筋以及需要劲力、

① "■"为出土文物中竹简的损、缺字，故考古学家在"■"的后面用"（麸）"。
② 飏，yáng，往上撒，以去除谷物的外皮。

薄皮的高级面点。

标准粉又称二号粉、七五粉。所谓七五粉，即100千克小麦出75千克面粉。其粉质较特制粉粗，色白略黄，劲力较低，含麸量高于特制粉，面筋质（湿重）不低于24%，灰分含量不超过1.25%，水分含量不超过14%。适用于制作馒头、包子、油条以及需要起松起酥的点心和小吃。

普通粉又称通粉，通常标明出粉率为72%或85%，我国生产的面粉出粉率多为81%。其粉质粗糙，颜色白而黄，劲力适中，含麸量多于标准粉，面筋质（湿重）不低于22%，灰分含量不超过1.75%，水分含量不超过12.5%。适用于制作一般大众面点，色泽、口感均比标准粉差。

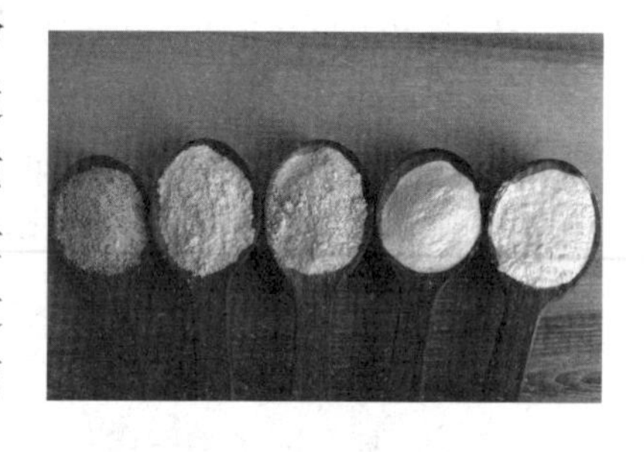

全麦粉又称“疗效粉”，是由整个小麦籽粒磨成的面粉。其粉质、色泽、劲力、口感均不如以上三种面粉，面筋质和水分含量低，灰分含量高，但含有丰富的营养成分，营养和保健价值远远高于上述三种面粉，一般用于食疗或作营养补充剂。

随着现代食品工业的发展，面粉的加工逐步向“专用粉”过渡。即制面包就用面包粉，包饺子就用饺子粉，做面条就用面条粉……依据各种不同的食品需要，大体上归纳为三大类：①面筋含量高的强力粉。以制面包为例，这种面粉所做出的面包体积为面团的5倍，而且面包切面组织均匀，光滑有弹性。②面筋含量中等的中力粉。以制馒头为例，做出的馒头体积为面团的3倍，也可用于制饺子、面条。③面筋含量少的薄力粉。以制糕点、饼干为例，不仅起酥松软，而且香美可口。

## 麦麸的妙用

麦麸是小麦加工面粉时的副产品，过去多用来作禽畜的饲料，现在亦用来制作酱油、食醋、酒类和饴糖以及提取各种营养物质作食品添加剂。

据测定，麦麸含有丰富的营养成分，其蛋白质、维生素、矿物质等含量均超过面粉。尤其是纤维素和半纤维素的含量高达18%，是具有代表性的食物纤维。食物纤维在通过消化道时，吸收水分而使自己膨胀起来，通过刺激胃、肠蠕动，把食物中不能消化的某些成分、消化道的分泌物、肠内细菌和机体代谢中产生的有害物质包裹起来，形成粪便顺利地排出体外。食物纤维还可以降低血脂和血糖，因为食物纤维能与饱和脂肪相结合，防止血浆胆固醇的形成，降低糖类的摄入量和肠内糖的可吸收浓度，使血糖与胰岛素保持平衡。而麦麸则是最理想、最廉价的高纤维食品。麦麸直接食用的口感差，即使加工得很细，许多人都不爱吃。如果将麦麸入笼屉蒸10～20分钟使其软化，加入占麦麸重量10%～20%的糖料和适量的牛奶，然后干燥，其味道便可变香，吃来清爽可口。常见的麦麸饼干、麦麸面包、麦麸营养片等，就是这样制成的。

# 面食举要

中国地大物博，人口众多，各地各民族有不同的食俗，南方以稻米为主食，北方以面粉为主食。在数千年的历史长河中，人们创造及引进了品种繁多、风味各异的精美面食，极大地丰富了中国饮食文化的宝库。

## 面食的起源

中国的面食是随着面粉的出现而产生的，大约是在商周时期。在这之前，先民们虽然种植大量的小麦，但没有找到小麦的最佳食用方法，大多采用“粒食”“糁食”形式。《礼记·内则》记载：“麦食、脯羹、鸡羹。”虽然在周代人们已能磨制面粉，但这种吃麦饭的习惯，直至秦汉时期仍然保留着，并且各地有不同的名称。如《说文·食部》说：“陈、楚之间，相谒食麦饭曰餥，楚人相谒食麦曰飵，秦人谓相谒而食麦曰𩝘䭇。”[1]又说：“鲇，相谒食麦也。”[2]

---

① 餥，fēi；飵，zuò；𩝘䭇，wèn hùn。

② 鲇，nián。

有关研究表明，先秦时期已有“糗”“饵”“酏（yǐ）食”等词。所谓“糗”，是将米、麦煮干后捣制成的粉；“饵”是一种用米粉或面粉蒸制成的糕；“酏食”是一种发酵饼。1978年10月，在山东滕州春秋时期的墓葬中，曾出土过麦面包馅、形似饺子的食物。还应提及的是，在春秋战国时期，《墨子》《韩非子》中多次记载过“饼”，且出现了“蜜饵”“粔籹（jù nǚ，类似馓子）”等面点。

由此可以推论，在商周时期小麦的食用方法为“麦饭”，与“面食”并存，直到秦汉以后面食才普遍推广开来。中国最早的一部以记载小麦面食为主的书，是北魏崔浩的《崔氏食经》，其内容包括作饼酵法、作面食法、作饼饭煮法以及作麦酱法……。另一部著作是北魏贾思勰的《齐民要术》，这是中国现存最早的一部完整的农书，其中记载了黄河中下游地区劳动人民加工粟、麦食品的方法。

## 面食品种多

中国的饮食文化博大精深，通过中外饮食文化交流，中国有许多传统面食传到了国外，外国又有许多精美面食引入到国内，如仔细梳理，仅大宗面食就有数百种。现择其要者予以简要介绍，从中窥见一斑。

**（1）馄饨**

馄饨在各地有不同的称谓，如湖北叫包面、四川叫抄手、江西叫清汤、香港叫云吞、台湾叫馄吞、新疆叫曲曲。明代方以智的《通雅》谓“馄饨乃混沌之转”，而“混沌”“浑

沌”同“馄饨”乃同出一语源。《太极图》说：“未有天地之时，混沌如鸡子。”《白虎通•天地》谓：“混沌相连，视之不见，听之不闻。”《庄子•应帝王》还有“中央之帝为浑沌”的记载。可见这是古人想象中宇宙形成以前模糊一团的景象。正如王子辉在新加坡《美食家》杂志上撰文所言：“馄饨是用很薄的面片包馅做成的圆形，当天地尚未被盘古氏用斧子劈开以前，它形状似乎应该如此。”

基于食用，馄饨可荤可素，多用肉泥或拌碎的熟鸡蛋，加入韭菜、葱、姜、蒜和调味料拌匀为馅，用薄面片打对折，将两边的角拉到中间翻折成荷兰帽形（现今多简化为将薄面片包上馅，随意地包抄在一起），入水煮熟吃，或者煎、炸、蒸而吃。

（2）饺子

饺子又名水饺、水角、水包子、煮饽饽、角子、扁食等，大多数人认为其起源不晚于南北朝。本书前文讲述在山东滕州春秋时墓葬中出土了饺子，如能得到进一步确证的话，则中国饺子的历史可以追溯到2 500多年之前。1972年在新疆吐鲁番唐代墓葬中发现了10多枚“形如偃月[①]”的食品，经考证是唐代的饺子，与现代的饺子一模一样，现藏于北京故宫博物院。可知这种食品当时已经传到了中国西部的少数民族地区。

食谚曰：“好吃不如饺子。”饺子的制作方法是将面团擀或压成皮，取荤素料调好味作馅，用手捏成月牙形或元宝形；还有工艺饺子，如四喜饺、蜻蜓饺、鸳鸯饺、麻雀饺、花边饺等。饺

① 偃，yǎn，仰面倒下，放倒。偃月，横卧形的半弦月。

子的吃法一般是下沸水锅中煮熟，用漏勺盛盘碗中，备醋碟、蒜瓣等佐食。也有的将饺子和汤一起盛于碗中吃的，名曰“原汤拌原食”。还有的将饺子蒸食或煎、炸食，名曰“蒸饺”“煎饺”或“炸饺”。但工艺饺子，只有蒸食才显出其艺术特色。

（3）馒头

馒头亦称馍，是在蒸饼的基础上发展起来的，开始是用死面做的，所以有“牢丸”之谓。后来人们探索出了发面的技术，就有了“起面饼”。但在晋朝发面极其神秘，能吃上“十字裂”的开花饼还是很难的。

随着发面技术的逐步推广和蒸饼形状的不断改进，馒头由扁平变成圆形或长方形而隆起，改有馅为实心无馅，也就成了今天的馒头。

相传诸葛亮南征孟获后，准备班师回朝。大军行至泸水时，需要祭河神，诸葛亮把蛮地祭神所用之人头，改成以面包肉为人头祭神，后人讹而为馒头。又据《太平御览》记载，晋人在四季都用馒头等食品作供品，西晋永平年间规定太庙祭祀时用“起面饼”，说明馒头是经发酵后蒸制成的。时至今日，馒头是中国人普遍食用的一种面食，许多人的早餐就是馒头加稀饭，北方许多地方的人在中、晚餐也吃它。

（4）包子

包子与馒头的关系非常密切，约在三国、晋时，所谓的馒头是有馅的馒头，即现在的包子。据专注饮食烹饪研究的邱庞同考证，“包子”一词最早出现在宋人陶谷的《清异录》中，该书记有一家

饮食店所售的一种节日食品就叫“绿荷包子”。以后,《东京梦华录》《梦粱录》中记有十多种宋代的包子，如水晶包儿、笋肉包儿、虾鱼包儿、江鱼包儿、蟹肉包儿、鹅鸭包儿等。元代《饮膳正要》中记载的天花包子、藤花包子、蟹黄包子等，为宫廷御膳佳品。

包子之所以比馒头贵是因为里面有荤素馅。尤其是汤包（又称灌汤包），除了选用精白面粉擀成极薄的包子皮外，还在肉馅中拌入鸡汤煮制的肉皮冻，并掺入蟹粉、虾仁、冬菇、芝麻或冬笋等，使其汁丰味鲜。有人曾赋《汤包》诗云：“到口难吞味易尝，团团一个最包藏。外强不必中干鄙，执热须防手探汤。”吃这种包子，先要咬破包子皮吸取汤汁（有的配备有吸管），切勿性急一口咬下去，否则汤汁喷出，就会烫伤嘴巴、手或者弄脏衣服。

（5）春卷

春卷又称春饼，是一种将烙好的圆似荷叶的薄面皮，卷上诸如用韭菜、鸡蛋、肉丁、虾仁、荠菜、玉兰片等制成的混合馅料，经炸或煎制而成的民间美食。成品呈长圆形，色泽金黄，酥脆鲜嫩。古人写诗赞道：“薄本裁圆月，柔还卷细筒。纷藏丝缕缕，馋嚼味融融。”

据考证，春卷的起源与中国养蚕业密切相关。起初，人们在预测年景好坏的立春这一天，在祈祷农耕顺利的同时，常以面为皮，内包馅料，做成蚕茧形状的食品，用来祝愿蚕业兴旺发达，称之为“探春茧”。到了南宋时，“探春茧”已发展成为临安食肆上的著名小吃，人们将其食名简化为“春茧”。时至元代，大批的蒙古人随着元代统治者建都北京而移居中原，这最初出于桑农之手的“春茧”也就成为蒙古人的佳点美肴。但由于蒙古人吃惯了

羊肉、牛肉，其“春茧”的馅心也大都以羊肉和羊脂为主，佐以葱白、笋干和豆芽等，用羊“浮油”炸制而成。随着岁月的流逝，寒暑的更迭，在其流传过程中，人们渐渐把“春茧”的本意忘记了，加上“茧”同“卷”二字仅一音之转，所以“春茧”便被人们改称为“春卷”了。今之春卷并不限在立春吃，想什么时候吃就什么时候吃。在原料和工艺制作上，与古代的“探春茧”既有传承又有创新。馅心有荤有素、有甜有咸、有鲜有辣。皮除了面皮外，还有米粉皮、鸡蛋皮和豆腐皮等。

（6）**面条**

面条古称索饼，萌芽于汉，成形于三国和晋代，南北朝以后其种类和吃法就更多了。北魏贾思勰的《齐民要术·饼法第八十二》记载了一种叫“水引”的面食，其是用冷肉汤和面，将面团揉成筷子粗、一尺长的长条，放入盘中盛水浸着；锅里水烧开时，用手将浸好的长条在锅边捋成韭菜叶那么薄，下水煮熟而食用。这正是我们今天所说的宽面条。唐代医学家昝（zǎn）殷的《食医心鉴》，还记载了10多张用面条治病的方子，这些面条包括“羊肉索饼”“榆白皮索饼”“丹鸡索饼”“黄雌鸡索饼”等。杜甫爱吃槐叶冷淘面，还专门为其写了诗：“青青高槐叶，采掇付中厨。新面来近市，汁滓宛相俱。入鼎资过熟，加餐愁欲无。”所吟咏的就是今天的凉拌面。又据《梦粱录》《武林旧事》记载，南宋临安市场上有“猪羊盦[1]生面”“三鲜面”“鸡丝面”“盐煎面”“鱼桐皮

① 盦，ān，古时盛食物的器具。

面”“炒鸡面”和“笋泼肉面”等出售。

面条发展至今，以机制面为主，以手擀面、拉面、抻面、刀削面等手工制面为辅，其食用的广泛程度超过了馒头。从形状上看，有扁面、圆面、三角面、韭叶面、发丝面、空心面等之别；以味料而言，有奶面、鱼面、油面、蛋面、鸡茸面、蔬果面等类型。在烹调技术上，有汤煮、凉拌、煸炒、脆炸、煨、烩、熟捞等，可谓各有千秋。

（7）面片

面片是面条的早期形态，古代称为汤饼。汤饼的制法是用一只手托住和好的面团，一只手撕面；将撕下来的面团在锅边按扁，放进水中，所以这种面又称为“托”或“饦（tuō）”，类似北方许多地方的“煮水饼子”。后来制作方法有了改进，用擀面杖擀，用刀切，不用手托和手撕了，故又名“不托”或“不饦”，也写作“馎（bó）饦”。宋人程大昌的《演繁露》解释：“古之汤饼，皆手托而劈置汤中，后世改用刀儿，乃名不托，言不以掌托也。”

考察面片的渊源和制法，今日流行于青海的尕（gǎ）面片和山西的猫耳朵、拨鱼儿、揪片儿以及流行于南北各地的疙瘩面等，均可归纳为面片。单以猫耳朵为例，其制法是将面和软，搓成大拇指状的条子，再压成蚕豆大的小块，然后用拇指、食指捏着一转，便卷成像猫耳朵一样的形状；将猫耳朵在锅内煮熟后，捞起来再配作料用大火一炒，里面灌满了汤，吃来鲜美可口。也有的连汤带水，浇上臊子直接食用。著名作家老舍，生前在北京晋阳饭庄品尝猫耳朵和拨鱼儿后，写下了“驼峰熊掌岂堪夸，猫耳拨鱼实且华”的赞美诗句。统而观之，面片有长有短、有宽有窄、有厚有薄、有粗有细；还有干制和冷冻的面片，买来即可煮食。

（8）油条

油条一般是在面粉内加入适量的白矾、小苏打、食盐溶化液，

用冷水搅和，揉成面团，经醒发切成小长条，然后将两小长条粘连在一起，放在油锅内炸制而成。炸好的油条色泽金黄，外脆内绵，十分可口。多用于早餐，可干食、浸糖水泡食和配菜作汤食。

据传，南宋高宗绍兴十一年（1142年），秦桧一伙卖国贼，私通敌国，诈传圣旨，用十二道金牌将民族英雄岳飞从抗金前线召回京城。秦桧夫妇以“莫须有”的罪名，将岳飞活活害死在临安（今杭州）风波亭里。消息传开，南宋军民无不义愤填膺。当时在风波亭附近，有两家早点摊位置相邻，卖芝麻葱烧饼的摊主叫王二，卖油炸糯米圆的摊主叫李四，两人经常在一起聊天，他们都敬仰岳飞，痛恨秦桧。有一天聊天时，正讲到秦桧，那王二在案板上揪了两个面疙瘩，捏成两个面人：一个吊眉毛大汉，代表秦桧；一个翘嘴巴婆娘，代表秦桧的老婆王氏，他抓起切面刀，先往那大汉颈项上打横一刀，又往那婆娘的肚皮上竖着一刀。李四余恨未消，就把油锅端来，把那两个面人，背对背地粘在一起，丢进油锅里，炸得吱吱发响，并且大声呼叫买早点的食客来吃“油炸桧”。由于吃的人越来越多，供不应求，他们便把这道工序简化了，只是把面团揉匀摊开，切成小长条，做时拿两根条条，一根当秦桧，一根当王氏，用棒居中一压，两根条条就粘在了一起，将其放在油锅里炸，于是油条就这样产生了。

（9）馓子

馓子在古代称为“寒具”。据说，春秋时期晋献公之子重耳，因受到后母骊姬（lí jī）的陷害，被迫流亡长达19年。那时候，有

一个名叫介子推的人，不畏艰难困苦，一直跟随着他。一次在流亡魏国的途中，重耳病重，介子推就在自己的腿上割下一块肉，熬成汤献给重耳吃，使他恢复了健康。后来重耳做了国君，也就是晋文公，他给那些曾经和他同甘共苦的人都一一封侯。唯独介子推"不言禄"，竟背着年迈的母亲，隐居在绵山（今山西介休境内），过着清贫如洗的生活。晋文公知道后，派人寻找介子推进宫受爵。可是，介子推不仅不出来，反而把晋文公臭骂了一通。晋文公一怒之下，命令放火烧山，心想：大火烧到你身边，你总要出来接受封位吧！谁知介子推宁肯烧死，也不做官，结果和他的老母亲"抱树烧而死"。介子推殉难的日子，正好是公元前636年的清明前夕。人们为了纪念介子推不求功利的忠贞品德，便在清明节前三天禁烟熄火，只吃冷食，于是便制作出一种能保留较长时间而不坏的名叫"寒具"的食品。

今之馓子，早已跳出了节令食品的范畴，成为四季皆宜的美食佳点。虽在制作上各有千秋，但大体上是将面粉加适量的盐、糖、矾等，加水揉成面团后，搓成条，抹上清油，放盆中醒发；待锅中油烧开时，四指并拢，缠上面条数圈，然后套在特制的竹筷上，放入热油中，边摆边抻，等抻条稍硬时，抽出竹筷，炸至金黄色即成。流传在民间的《寒具》诗云："纤手搓成玉数寻，碧油煎出嫩黄深。夜来春睡无轻重，压褊佳人缠臂金。"这表明馓子的制作工艺是比较复杂的。

**（10）烧卖**

烧卖又叫梢麦、梢美或烧梅，在宋以前的史料中未见记载。但在14世纪高丽（今朝鲜）出版的汉语教科书《朴事通》上，记有元大都（今北京）午门外有店制售"素酸馅梢麦"的事。书中解说以白面作皮包碎肉，顶部揪成细如麦梢上绽开的白花蒸制而成，方言谓之"梢麦"。由此可知，中国人吃烧卖已有七八百年的

历史。其特点是馅多皮薄，形如石榴，全国各地都有制作，且具有不同的风味。如沈阳有马家烧卖、呼和浩特有羊肉馅梢美、湖北有黄州烧梅、江西有蛋肉烧卖、安徽有鸭油烧卖、扬州有翡翠烧卖等。

不过名扬中外的要算北京“都一处”烧卖馆的烧卖。传说乾隆皇帝去南苑打猎，因天晚夜深肚饿，到了前门外大街便想找家酒店尝尝民间口味，此时只有一家饭店还开着门，乾隆便带着两个随从进去，叫了一些烧卖及酒菜，吃来格外味美，获悉没有店名。几天后太监抬来一块横匾，上面写有乾隆钦赐的“都一处”店名。从此这家饭店生意兴隆，誉满京城。现今都一处的烧卖，以精面粉烫面为皮，包以各式馅料，如猪肉馅、蟹肉馅、韭菜馅、西葫芦馅、三鲜馅，制作出的成品，造型美观，鲜美可口。

（11）面筋

面筋是中国素食者用来作菜的主要食物之一，亦是城乡居民用膳下酒的佳品。面筋虽属面食，但多在卖豆制品的摊点上出售，形状也有点像豆制品，故人们把它当作豆制品家族中的“异姓兄长”。早在856年，唐代杨晔的《膳夫经手录》就记载：“不饦有薄展而细粟者，有带而长者，有方而叶者，有厚而切者，有侧粥者，有切面筋……其名甚多，皆不饦之流也。”可见中唐的不饦就包括“面筋”。南宋陆游的《老学庵笔记》载：“族伯父彦远言：少时识仲殊长老，东坡为作《安州老人食蜜歌》者。一日，与数客过之，所食皆蜜也。豆腐、面筋、牛乳之类……。”显然，面筋在宋代已深受寺院佛教徒们喜爱。其实，面筋的制作方法并不难，

台湾黄秋明在《翻开素食近代演进史》中介绍的方法是：先将优质小麦粉调制成水调面团，放置20分钟，再于35～40℃的水中揉洗，使面团中的淀粉、麸皮等成分分离出去，最后剩下有弹性的胶状物质，即面筋。

面筋通过烧、煨、软炸、卤汁、焦炒、干煸等再加工，均可做出风味各异的名菜来。佛门子弟是主张吃素的，所谓素鸡、素鸭、素火腿、素香肠等，均是用面筋为主料烹制出来的。

（12）饼

饼是中国古代各种面食的总称。刘熙的《释名》说："饼，并也，溲面使合并也。"大体上有蒸饼、汤饼和烤饼的区别。在古人的著述中，甚至把馒头、包子、面条、饺子、馄饨、春卷等面食也包括在"饼"中。今人对"饼"的理解较之古人迥然不同，一般指的是馅饼、烧饼、油饼、煎饼、喜饼等经烘烤、笼蒸、烙制或煎炸而制成的圆形、长方形或菱形等的面制品。根据烹饪方式不同，饼可分为现做现吃型和能贮藏较长时间型两大类。在汉魏时由西域传入内地的一种"胡饼"，属于后者，系经烤烙制成的。后来人们在饼上撒上芝麻，所以又称为"芝麻饼"。唐代白居易有"面脆油香新出炉"的诗句，由此可以考证这种饼是用炉烘制的，与现代的饼极其相仿。

中国饼类盛多，知名的有富平太后饼、鄂州东坡饼、北京茯苓饼、黄石港饼、乌镇姑嫂饼、潮州老婆饼、福州光饼、上海高桥松饼、内蒙古哈达饼、广州小凤饼、济南罗汉饼、吴山酥油饼、

台湾太阳饼、江苏文蛤饼等，不胜枚举。民俗还有立春吃春饼、中秋吃月饼、嫁女吃喜饼、送葬吃死饼（一种未经发酵的饼）、贺屋吃发饼的风俗。

（13）方便面

方便面又叫快速面和即食面，是一个叫安藤百福的日本人创造的。据说在第二次世界大战结束后不久，日本食品严重不足。安藤百福每次下班时，总会看到许多人挤在面食摊前排二三十米的长队，等着吃热面条。这使他对面条的食用方法产生了极大的兴趣，于是安藤百福便买来了制面机和制面条的原料，在他的住宅内开始埋头于方便面的开发。他的目标是制作出一种只要注入开水立刻就能吃的速食面。虽然试制过程中遇到的困难比预想的要多得多，但安藤百福终于在1958年8月推出了第一批“鸡肉方便面”。一开始，批发商根本不理睬他的方便面，后来经过一家超市的推销，仅仅8个月，便销售1 300万包，轰动了整个日本。1966年安藤百福去欧美视察旅行时，从空姐给他的一个由纸和铝箔贴合而成的密封食品盖子得到启示，于是“杯装方便面”便应运而生。

近年来，与方便面相配合使用的各种调味汤料也在迅速地发展，主要品种有牛肉汤料、鸡汁汤料、猪肉汤料、虾味汤料、香菇汤料、麻辣汤料、葱味汤料、咖喱汤料、火腿汤料等，从而改变了过去方便面调味品种单一的状况。方便面传入中国后已经发展到数百种口味，并成为方便食品的代表。

（14）面包

面包是西方人的主食，始于4 000多年前的古埃及。在这之前，面包是未经发酵的死面饼，吃时要将其浸入汁水中，待吸收了汁水后再进食。因为这种面包非常坚硬，如不用汁水浸软，是很难咀嚼的。到了公元前2000年左右，一种野生酵母无意间浸入一名制面包人员的面团中，于是世界首创、质地松软的面包便产生了。随后，埃及人又发明了炉灶，使面包烘烤技术得到了进一步提高，并且传到了古希腊和古罗马。到了7—10世纪，欧洲各国都配备有专门的面包师，这些面包师开始在自己的国家和资本家们合作生产面包。12—13世纪，欧洲的各国官员鼓励发展面包的制作技术，使得每个国家都生产出了富有地方特色及迎合当地人口味的面包。在18世纪的英国，出现了面包食用方法的大改变，一个名叫约翰·蒙太哥的人想出了一个怪点子：在两块面包中间夹上一些肉块，这就是夹肉面包，即“三明治”的由来。

面包传入中国的时间是在清末民初时期。现人们食用面包相当普遍，可作正餐吃，也可作餐间小吃。其制作的精美程度可以同西方国家媲美。每当那一个个皮色油亮、香味扑鼻、松软可口的面包露面在食肆时，便会引得人们垂涎欲滴。

（15）饼干

饼干也是舶来品，其英语名称为biscuit，音译为“比斯开”。中国2008年5月1日起实施的饼干国家标准对饼干的定义是：以小麦粉（可添加糯米粉、淀粉等）为主要原料，加入（或不加

入）糖、油脂及其他原料，经调粉（或调浆）、成形、烘烤（或煎烤）等工艺制成的口感酥松或松脆的食品。

据于壮撰文介绍，早在150多年前，有一艘英国帆船正航行在法国附近的比斯开湾海面上，突然天气骤变，狂风卷着恶浪向帆船袭来。这艘船不幸触礁搁浅了。船员们死里逃生来到一个人迹罕至的小岛上。风停后，人们回到船上寻觅食物。但船里的面粉、砂糖、奶油已全部被海水浸泡，难分彼此，他们只好将这些混在一块儿的东西捏成一个个小圆块，烤熟了吃。不料奇迹出现了，经过混合发酵并烤熟的小圆块不但能吃而且松脆可口，从而饼干就诞生了。这些船员回到英国后，为了纪念这次比斯开湾脱险，就用遇难的地名将饼干称为“比斯开”。清朝末年，随着外国使者、商人、传教士、学者来华以及中国使者出访、学生留学、大批劳工出外打工，饼干的制作技艺也随之引入中国。现如今，超市食品架上琳琅满目的糕点，饼干为一大种。其形状有圆形、长方形、三角形、扁形、鸟兽形；口味有甜的、咸的、奶香的、麻辣的、椒盐的、咖喱的、巧克力的、蔬果的；价钱有便宜的，也有贵的。人们可以根据自己的口味偏好和经济条件任意选购。家庭制作亦多见，只要备好制作饼干的工具和食材，便可随做随吃。这种面食不仅可以作为小吃，还可以作为外出旅行充饥的主食。

# 四月南风大麦黄

“四月南风大麦黄，采了蚕桑又插秧。”农历四月是大麦成熟的季节，那金黄色的麦穗低垂着头随风摇摆。但见收割大麦的农民，将大麦脱粒后晒干，加工烹制食用，以尝新为快。

## 瑞麦自天降

人类文明的进化得助于大麦。英国学者布朗诺斯基在《人类文明的起源》一书中写道：“冰河时期，地上冒出了一丝混种的大麦，这种情形在许多地方都曾发生……游牧人沿着源头来到这里定居下来，他们就是第一批收割大麦的人。”幸运的收获者开始以大麦为食，也把它作为禽畜的饲料。这样一代一代地往下沿袭，带来了食物的增加，人口的繁衍，畜牧的旺盛，从而促进了文明的发展。

大麦在古代称牟（mù）麦、麰（móu）麦。《孟子·告子上》曰：“今夫麰麦，播种而耰之。”“麦”字古与“来”通。《本

草纲目》对“牟”“麰”的解释是：“麦之苗粒皆大于来，故得大名。牟亦大也。通作麰。”《广雅·释草》还说：“大麦，麰也”。

历史有惊人的相似之处。中国先民在游牧中也曾遇到过天降大麦。《说文解字》曰：“周所受瑞麦来麰。”《诗经》在描写后稷（jì）子孙的经历时说：“贻我来牟。”“贻”可理解为“赐”，天赐大麦，自地而生，为周部落提供了食物资源，于是周部落便在黄河中下游地区定居了下来。

根据历代文献史料，可以断定中国是大麦的原产地之一。《说文解字》解释“来”说：“天所来也，故为‘行来’之来。”段玉裁道：“自天而降之麦……谓之来，因而凡物之至者，皆谓之来。”日本考古学家筱田统考证：“甲骨文和周代金文中出现的‘麦’字可以肯定是大麦。”由此可见，大麦为中国原产无复疑义。再加上中国发源于黄河流域，为种麦最适宜的地方。“周受瑞麦”之说，亦由此而来。

## 多用途谷物

大麦是一种具有多种用途的谷物，素有“五谷之长”的美誉。主要用来作牲畜饲料、人类食粮、轻工酿造及制药等原料。中国的大麦消费量中，用于粮食的约占15%，用于饲料的约占60%，用于啤酒原料和其他用途的约占25%。

李时珍在《本草纲目》中引用陈承的话说：“大麦，今人以粒皮似稻者为之，作饭滑，饲马良。”虽然大麦的饲料价值略低于玉米，适口性较差，但可用以喂猪使其脂肪硬度加大，瘦肉增多，肉味鲜美。中外驰名的“金华火腿”，选用的就是饲喂了较多大麦的猪的猪肉。

大麦供食用，一般是将其碾成麦米或磨成麦片、麦渣、麦粉，做粥饭、面制品和配伍其他食物。农村许多人家，喜欢在夏天用大麦米与粳米一起煮粥吃，以去除暑气。将大麦炒熟磨成粉，湖北人称为“泡粉”，可携带作干粮或用开水冲泡后吃；将大麦浸泡发芽，做成麦芽糖，无论大人

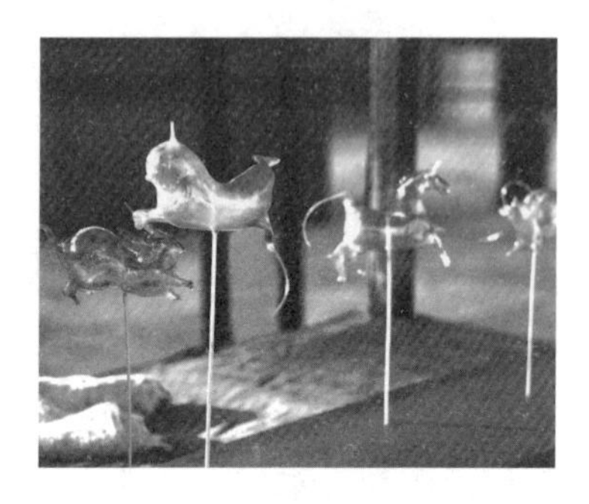

小孩都爱吃；将大麦磨成面做酱，味道甘甜，既能作菜，又能作馅料……

在食品工业的发展进程中，大麦亦发挥了重要作用。例如，闻名于世的江浙沪传统美食“八珍糕”，里面有一珍是大麦芽粉；畅销亚太地区的台湾“八宝粥”中，也有一宝是大麦片；市场上销售的麦片，大麦也占有一定的份额；药食同源的“麦芽流浸膏”“麦芽粉”等，也很有名气。

大麦对人类的奉献，突出体现在荒年险岁和青黄不接的时候，可谓救苦救难。“日子长饿死喂奶娘”的农历四月份，正是青黄不接之际，许多农家陈粮寥寥，大麦因应时收获，解决了人们的温饱问题。《礼记·月令》注释：“麦者，接绝续乏之谷。”这是说，每当秋天各种作物收割以后，到次年麦收时节，正值“续乏”当口，此时农民的口粮要靠麦子来维系，而大麦往往比小麦收获早，所以大麦起到了“接绝续乏”的作用。

## 啤酒的原料

世界之有啤酒，源于大麦。传说在5 000多年以前，有人用大麦芽煮粥，将吃剩的粥倒在桶里，过不了几天，麦芽粥自然发酵，渗出了芳香的液体，口尝略带苦味。据此，许多人专门用大麦芽

煮粥，任其发酵，以滤出液体来喝。这便是人类饮用的原始啤酒。

据传，最先酿造啤酒的是古代巴比伦人。公元前1世纪，古巴比伦人掌握了用大麦酿造啤酒的方法。世界上第一部啤酒专著——《啤酒酿造法》，也是由古巴比伦人撰写的。啤酒闻名于世界是在8世纪。当时的德国人改革了啤酒的生产工艺，他们用大麦芽作主要原料，用啤酒花作主要香料，用酵母发酵酿造的啤酒，不仅醇香可口，而且营养价值高，很快这种酿啤酒的生产工艺被传播到世界各地。

中国始有啤酒是在19世纪末，是由来华的传教士传入的。当时的沙俄、德国、英国在哈尔滨、沈阳、青岛和上海开办了现代化的啤酒厂。后来国内一些厂商又自行在北京、天津、烟台、醴陵等地创建了啤酒厂。时至今日，啤酒厂遍布全国各地，啤酒已成为人们普遍饮用的饮品之一。然而，中国用于酿造啤酒的国产大麦，其产量和质量远远不能满足啤酒工业的飞速发展。有报道说，只有少数的国产大麦适用于酿造啤酒，我国不得不进口啤酒大麦来满足啤酒工业的需要。

## 营养药用佳

据分析，每100克大麦的可食部分，含水分11.9克，碳水化合物66.3克，蛋白质10.5克，脂肪2.2克，膳食纤维6.5克，钙43毫克，铁4.1毫克，磷400毫克，维生素$B_1$ 0.36毫克，维生素$B_2$ 0.1毫克，烟酸4.8毫克；可为人体提供326千卡的热量。由此而

知，大麦的营养价值是较丰富的。

历代医药学家对大麦的药用价值有不少的研究。《名医别录》载："味咸微寒，无毒。主消渴，除热，益气调中。"《唐本草》载："大麦面平胃，止渴，消食，疗胀。"《本草纲目》载："宽胸下气，凉血，消积进食。"大麦芽常被入药。大麦芽有和胃健脾、帮助消化、疏肝理气和帮助调整肠胃功能等功效。常用于治疗消化不良、食积、伤食、胃满腹胀及因乳汁淤积引起的乳房胀痛等症。因大麦芽中含有消化酶和维生素等，对治疗小儿和老人病后胃弱引起的食欲不振疗效极佳。

# 青稞、糌粑及其他

西藏位于中国西南边疆，地势高耸，平均海拔4 000米以上，有“世界屋脊”之称。全境土地辽阔，日照充足，又有广阔的草原和高山冰雪水源，具备发展农牧业的良好条件。粮食作物主要有青稞、豌豆、蚕豆、小麦、荞麦等，其产量和种植面积尤以青稞为最。

## 原本裸大麦

青稞是藏族人民对裸大麦的通称，汉族人则称之为青稞麦、米大麦或元麦。除了主产于西藏以外，还产于青海、甘肃、新疆

和宁夏，四川省西部、云南省西北部也有出产。

根据野生大麦的分布及考古学资料分析，青稞原产于青藏高原。1979年在新疆哈密县五堡乡墓葬内，出土了新石器时代含彩陶文化的青稞穗壳。这是迄今出土最早的栽培青稞遗物。这种为禾本科大麦属一年生或越年生草本植物，有白色、黑色、紫色种等品系。其形态特征与大麦相似，只是因其颖果成熟时内外颖与籽粒分离而成为裸大麦。早在唐代，陈藏器在《本草拾遗》中就指出："青稞似大麦，天生皮肉相离，秦陇以西种之。"

为什么青稞自古就是西藏的重要农作物呢？因为在海拔较高、缺氧高寒、干旱少雨的地方，种植小麦、稻谷是没有好收成的。青稞既耐寒，又耐旱，大部分品种能闭颖授粉，开花期、乳熟期遇到低温和干旱不会受害；而且春播的品种从播种到收获只需100多天的时间，故适合在高原地带种植。在西藏阿里、日喀则海拔4 750米左右的地区也有种植，是世界上谷类作物分布的最高点。一般为春播，一年一熟。有些海拔低的河谷，也有秋播的，可以一年两熟。

## 主作糌粑吃

藏民中流传着一句谚语："青稞的叶子是绿色的珊瑚，青稞的穗子是黄色的珍珠。"青稞含有丰富的淀粉、蛋白质、维生素、脂肪和矿物质，是藏族人民的主粮。其食用方法主要是制作糌粑。

"糌粑"是藏语译音，即青稞炒面。其制作方法有简有繁，一般都是将青稞用水淘洗干净，放在太

阳下晒干，然后炒熟磨成面粉。这种熟制的粉状物便是糌粑。如果先将青稞用清水浸泡一两天，然后倒进桶内用木棒捣去青稞的外皮，晒干后上锅用沙炒成青稞花，磨成的糌粑便会色白、香味浓，是糌粑中的上品。

入口的糌粑，实际上是青稞炒面、酥油、砂糖、奶渣、酥油茶或其他辅料搅拌在一起的混合物。吃时，将青稞炒面及酥油少量置于碗内，注入酥油茶等液体，再加青稞炒面直至高出碗口，用左手旋转碗，右手食指由外及里调面，使面、油、茶等浑然一体，然后用手将其捏成鹌鹑蛋般大小的团子，送入嘴内。由于吃糌粑不用筷子，是用手抓着吃的，所以又叫“手抓糌粑”。

也有在熬煮的骨头汤、肉汤或蔬菜汤内，拌入青稞炒面，经反复搅拌，至熟食用的吃法，藏民将其称作“波突”，即糌粑粥。还有的在青稞炒面里放很多的酥油茶，像汉族人搅面糊一样，搅成糊糊吃，边吃边喝，这种吃法叫“喝土粑”。

最好吃的糌粑莫过于用西藏尼木所产的白青稞做的糌粑。据记载，过去历代达赖喇嘛都吃尼木出产的糌粑，这种糌粑不仅色泽白亮，还分外细腻喷香，比任何地方产的糌粑都好吃。难怪民谚曰：“要吃最好的糌粑，请到尼木来；要找最美的姑娘，请到琼结来！”

千百年来，糌粑养育了藏族人民。由于糌粑制作简单，携带方便，出门只要怀揣木碗，腰束口袋装上糌粑，准备点酥油和干酪，再烧点茶水，走到哪里都可以吃起来，因而最适合作游牧民族的食物。再由于糌粑本身营养丰富，拌入酥油、奶茶、奶渣等高蛋白、高脂肪食物后，产生热量大，食之味甘香，充饥耐寒，因此它更适宜于高寒地区生活的人。所以，它不仅是藏族人民的传统美食，就连身居藏地的汉族和其他民族的人民也久吃不厌。

## 酿造青稞酒

“不敬青稞酒呀，不打酥油茶呀，也不献哈达……”这首悦耳的藏族民歌听起来十分感人，同时也表明青稞还可以酿造青稞酒。青稞酒是藏族人民日常生活的必备饮料，男女老少都喜欢喝。逢年过节、婚丧嫁娶、人来客往，更是少不了青稞酒。但严格说来，青稞酒指的是青稞啤酒，藏族人称为“羌（qiāng）”。

在藏族人居住的地方，几乎家家都会酿造青稞啤酒和白酒。常见的制作方法是：将青稞浸泡，淘洗干净，用锅煮熟，摊放在方桌上，待其冷却后拌入酒曲，装进特制的酒坛内，保持一定的温度，让其发酵，是为醪糟。两三天后，注入凉开水，密封，再过一两天，便酿造成功。这种酒的度数比较低，有头道酒、二道酒、三道酒之分。初次滤出来的头道酒，15～20度，第二次滤出来的二道酒10度左右，醇和幽雅，饮之香醇甘酸，余味悠长。三道酒在6度以下，略有酒味，用以解渴。

藏族居民还用青稞酿造白酒，即“阿热”。这种酒的酿造方法

较之青稞啤酒的酿造方法要复杂得多，汉人称为“土产青稞酒”。据剧宗林、马芳莲撰文，其做法为：将醪糟置大陶罐中，加入适量的水。罐中斜插一圈木棍作为支架，架上放青铜锅，锅身直径略小于大陶罐，锅沿与罐沿齐平。锅上再架盛有水的铛子，口径略大于大陶罐，在罐沿与铛间用草木灰泥封严。用文火加热大陶罐，同时要不断将铛中升温的热水换成凉水，以起到冷却、保持恒温的作用。加热7～8小时后即可开封，取出青铜锅，锅中液体即为青稞白酒。这种酒属高度烈性酒，60～65度，酒香浓烈，醇厚绵长，略带青苗味，适合酒量大的人饮用。

随着现代酒业的发展，作为酿酒原料的青稞亦进入现代化的酒厂。前些年，青海互助青稞酒有限公司酿造的“互助”牌青稞白酒，没有添加任何增味、增香物质，酒香来自青稞原料在发酵过程中产生的自然香味，酒精度有高的，也有低的。饮之芳香浓郁，味道纯正，深受广大消费者青睐。

此外，青稞还可以煮粥饭或加工成麦片、麦酱、麦乳精、面点、糖果等。在医学上，青稞可入药，糌粑具有治疗胃病的功效。饲用青稞，则是良好的精饲料，常作饲养马、牛、羊的营养添加食物。

# 珍珠般的玉米

相传，明朝正德皇帝有一天穿便衣外出游玩，行至一村，天色已晚，饥肠辘辘。到了一户人家，农夫端来一碗像珍珠似的食物。正德皇帝一口一口地往嘴里扒，吃得十分香甜，便问农夫此系何种美食？农夫哄他说是“珍珠米”。正德帝回宫后，过了一些日子，山珍海味吃腻了，突然想起“珍珠米”来，便叫御膳房制作。厨师不敢细问，就拿了一些珍珠烹制，煮了半天才呈上。正德帝往嘴里一扒，咬了一口，差点没把牙磕掉，大怒之下重重处罚了这位厨师。后来一连换了几个厨师来做，仍然无济于事。于是找来先前那位农夫，农夫又做了一碗“珍珠米”呈上，并说：“此珍珠米乃玉米也！”正德帝才恍然大悟。

此故事有多种版本，引用时做了适当的改写。是杜撰的还是确有其事，现已无法稽考。

## 起源中美洲

玉米有许多别名，有叫玉蜀黍、玉蜀秫、玉高粱、玉米棒子、玉柳、玉黍；有叫玉麦、御麦、番麦、西番麦、西天麦；也有叫苞谷、陆谷、苞粟、苞米、苞芦、包麦米、棒米、棒

子、鹿角黍等。

根据考证，玉米起源于中美洲的墨西哥、危地马拉等地。大约在公元前4000年，古墨西哥人就开始对野生玉米进行人工培植了。当地印第安人对玉米非常崇拜，将其奉为“玉米女神”。考古工作者曾在墨西哥、秘鲁等地发掘出大量用黄金、陶土和玉米穗做成的“玉米女神”像。直到今天，墨西哥南部的印第安人每年仍要隆重地祭祀“玉米女神”。

哥伦布发现新大陆以后，把玉米从美洲带回西班牙，称为“印第安种子”，后很快传到其他国家。中国开始种植玉米，是在16世纪初。据说，第一批玉米种子是由参加朝圣的回教徒从麦加经中亚带到新疆，继而传入华北，然后传播到全国各地的。明代田艺蘅在《留青日札》中记载：“御麦出于西番”“其苞如拳而长，其须如红绒，其粒如芡实，大而莹白，花开于顶，实结于节，真异谷也。吾乡得此种，多有种之者”。李时珍在《本草纲目》中也有“玉蜀黍种出西土”的记载，并指出：“其苗叶俱似蜀黍而肥矮，亦似薏苡。苗高三四尺。六七月开花成穗如秕麦状。苗心别出一苞，如棕鱼形，苞上出白须垂垂。久则苞拆子出，颗颗攒簇。子亦大如棕子，黄白色。可炸炒食之。”可见，早在四五百年前，中国人就种植和食用玉米了。

## 粗粮并不粗

现今世界，玉米的播种面积仅次于小麦而居第二位，总产量仅次于大米而居第二位。按玉米的米粒性状，可分为马齿型、硬粒型、爆裂型、蜡质型、甜质型、甜粉型、粉质型、有稃型等类型，其中以马齿型和硬粒型两种栽培最广。米粒有白色、黄色、红色、紫色、赭色、杂色等颜色，尤以白色和黄色玉米最常见。

但长期以来，人们一直把玉米当作粗粮看待，普遍用来作禽畜的饲料。其实，粗粮并不粗，人、畜食用都具有较高的营养价值。有人对黄玉米渣进行分析，每100克含蛋白质9.2克，脂肪2.7克，碳水化合物76.1克，钙20毫克，铁3.6毫克，磷190毫克，还含有胡萝卜素、维生素$B_1$、维生素$B_2$和烟酸等。

不少营养学家给予玉米很高的评价，认为玉米中所含的脂肪一半以上为亚油酸，并含有谷固醇、卵磷脂、维生素E等高级营养素，具有抗血管硬化，降低血清胆固醇，防止高血压、冠心病和脑功能衰退等功效。玉米中所含的纤维素，比大米、面粉高好几倍，因而具有吸水膨胀、刺激胃肠蠕动、加速粪便排泄的特性，可预防便秘和肠管内压上升引起的阑尾炎，以及缩短肠内微生物产生的致癌物质在肠道内停留的时间。玉米中含有硒和镁，前者能加速体内过氧化物的分解，使恶性肿瘤得不到分子氧的供应而被抑制；后者能抑制癌细胞的发展，使体内废物尽量排出体外，发挥防癌抗癌的作用。

## 美中有不足

玉米虽好，也有不足的地方。这主要由于其所含的蛋白质质量较差，即缺少人体**必需氨基酸**中的赖氨酸和色氨酸。这两种氨基酸人体自身不能合成，必须从食物中摄取。玉米缺少这两种氨基酸，不仅降低了其营养价值，而且人们吃多了还会引起疾病。在单纯以玉米为主食的地区，容易得“陪格拉”病，即糙皮病。患者的两手、两颊、左右额及其他裸露部位出现对称性皮炎，并伴有口舌发炎、肠胃功能失调、严重腹泻等症状。

弥补玉米蛋白质中的营养缺陷，最根本的途径是补充赖氨酸和色氨酸。科学的吃法，应该是将玉米与富含赖氨酸和色氨酸的

大米、小米、面粉、黄豆等食物混合食用，以发挥蛋白质的互补作用。中国各地早有将玉米混合其他食物食用的经验，如用以搭配小米煮粥，烹制大米饭、面条、肉类、豆制品等，均是符合营养需求的。另外，在玉米加工过程中添加赖氨酸和色氨酸，也是提高玉米营养价值的有效方法。近二三十年来，许多地方培育出了含赖氨酸和色氨酸比普通玉米高1倍以上的杂交玉米新品种，这也能改变玉米蛋白质的氨基酸构成比例，使得以其长期做主食而不会出现糙皮病等病症。

## 膳食多样化

用玉米制作出来的膳食多种多样，除了玉米糊、玉米粥、玉米糕、玉米面条、玉米花卷、玉米饺子、窝窝头、贴玉米饼、煎玉米饼、爆玉米花外，还有许多人们喜欢吃的美食。如将青玉米苞掰下来，撕去外壳，用锅煮熟，名为煮青玉米棒子，用笼蒸熟的名为蒸青玉米棒子，吃来鲜香味美，富有野趣；剥下来的嫩玉米，清水淘洗后加适量水用手磨直至磨成浆，被汉中农民称为“浆粑子”，以此制作的糊、角、饼等玉米食品，是过去农民青黄不接时的食粮；把玉米磨成粉，掺入少量的面粉、黄豆粉等，即玉米面，俗称棒子面、杂合面，用来做枣儿窝头、包团子、煮嘎嘎、金银花卷等，这些都是华北家庭中的常见食品；玉米磨成粗杂的米粒，叫玉米糁（shēn），香港人将其放入荤汤中烹制，再加蛋清进去，讲究的加几根人造鱼翅，谓之玉米羹，色香味形俱

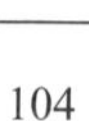

全；炒玉米粒，则是将锅烧热，放少许食用油，待锅内的油起丝丝青烟后倒入玉米粒，不停地翻炒，待锅内飘出阵阵清香，就可起锅，撒入盐、糖或香料，大人小孩都爱吃……

目前流行的还有膨化玉米食品、粗玉米婴儿食品、强化营养玉米粉及用于制糕点的玉米馅等，品种极其繁多。这还不包括用玉米做出来的众多方便食品、饮料及菜品等，如早餐玉米片、干制玉米、脱水玉米、玉米面包、玉米粽子、油炸香酥玉米片、盐渍玉米、玉米罐头、煎玉米饺、玉米冰激凌等。曾有报道，在美国一个超级市场货架上陈列的13 000多种食品，其中就有1/10的食品含有玉米成分。由此看来，玉米食品确实是琳琅满目，花样众多。

## 综合利用广

随着食品科技的发展以及现代食品新工艺的应用，当今各国兴起了以玉米为原料的综合利用工业。其主要是，利用玉米籽粒提取淀粉和蛋白质，广泛用于食品生产。通过化学衍生技术对玉米淀粉进行再加工，又可以生产正离子淀粉、醋酸淀粉、磷酸淀粉、琥珀酸淀粉、漂白淀粉、羟基丙基淀粉等。用玉米胚芽加工成的玉米油，色泽淡黄透明，气味芳香，富含**不饱和脂肪酸**，可以直接用于家庭烹制菜肴和调拌沙拉；还可制成人造奶油、起酥

油和蛋黄酱等。玉米通过发酵，亦可生产啤酒、白酒、酒精、味精、酱油、食醋、红曲、丁醇、丙酮、有机酸等。另外，玉米还是制糖的理想原料，可以生产葡萄糖浆、玉米饴糖和药品等。美国市场的食用糖中，就有一半产品是以玉米为主要原料或辅助原料加工出来的，其品质远远高于蔗糖。有关专家提出，玉米综合利用新技术的方向应该是：大力发展配合饲料工业，积极发展食品工业，稳步发展淀粉工业，有计划地发展制糖工业。这是十分切合实际的。

**小贴士**

**必需氨基酸：** 氨基酸是组成蛋白质的基本单位，具有非常特殊的结构。一端为氨基，使其具有碱性；另一端为羧基，有酸性。组成蛋白质的氨基酸有20多种，其中有8种在人体内不能合成，即赖氨酸、色氨酸、蛋氨酸、缬氨酸、苏氨酸、亮氨酸、异亮氨酸和苯丙氨酸。这些氨基酸必须从食物中摄取，故称为必需氨基酸。

**不饱和脂肪酸：** 不饱和脂肪酸是构成体内脂肪的一种脂肪酸，分单不饱和脂肪酸和多不饱和脂肪酸。前者含有油酸；后者含有亚油酸、亚麻酸、花生四烯酸等，其中亚油酸和亚麻酸为人体必需脂肪酸。具有保证细胞正常生理功能，降低血液中的胆固醇，增加毛细血管壁的强度，合成人体内前列腺素等作用。

# 美食新宠黑玉米

从前的玉米只有一种黄颜色，现在不仅出现了白色、黄白相间的品种，还有紫色、蓝色、乌色、黑色乃至多种颜色混合在一起的玉米。后面4种深色泽的玉米，统称为黑玉米，而以黑色的玉米为上品。

## 悠久选育史

玉米原产于墨西哥和中美洲其他国家，种植历史约有五六千年。早年的印第安人还选择和培育了丰富多彩的玉米品种，特别是经过对玉米形状和色泽进行严格筛选，培育了果穗肥大、含淀粉高的玉米。当欧洲移民大批出现在美洲大陆时，印第安人已培育出了硬粒型、马齿型、粉质型、爆裂型、糯质型、甜质型、甜粉型、有稃型等商业玉米。

当时间推移到18世纪时，英国有一位叫顿·梅塞的生物学家移民到美洲以后，对玉米中出现的极其罕见的黑色玉米粒极感兴趣。1716年，他在马萨诸塞州自己的花园里对各种颜色的玉米进行栽培试验，惊奇地发现玉米自身存在着雌雄性别差异，所结出的果穗都是异性交配的结果。而且发现天缨上散布的花粉属于雄性，果穗上的花粉属于雌性，天缨上的雄性花粉借助风力传送飘落在果穗的雌性花粉上，从而达到雌雄交配的目的。非常可惜的是，梅塞没有更进一步地观察玉米雌雄受精的全过程，也没有

把雌雄交配产生的后代种下去继续观察就离开了人世。

8年以后，另一位科学家保罗·达德利进行了类似的试验，还发表了同一株玉米存在雌雄性别并发生交配的报告。达德利发现，玉米籽粒颜色的变化，离不开地下根系相互交叉而产生的传导效应。因此，黑玉米的形成依赖于黑玉米的雌雄交配以及地下根系相互交叉发生的传导效应。大面积的种植更是如此。

## 引进新品种

无可非议，中国数百年以来也有黑玉米存在，但那只是大海捞针，所结的黑玉米只是在黄色、白色或黄白色玉米中偶尔寻到几粒，整穗为黑色的玉米几乎不曾见到。

种植业无国界，黑玉米引种也无国界。据《中国食品》报道：1993年，北京华丰新源贸易有限公司的董事长刘其鹤和总经理宋燕华，在南美爱国华侨杨福寿的陪同下考察秘鲁时，无意间发现了生长在安第斯山瓦卡尤地区的原生黑玉米。他们决定把这种黑玉米引种到中国来，杨福寿从市场上买回0.5千克种子带回了家乡河北邢台市内丘县。1994年春天，华丰新源公司与杨福寿及玉米专家张树申开始共同合作，用0.4亩的玉米地进行试种，并对这种南美原生黑玉米品种进行国内繁殖、培育，从而开辟了黑玉米在中国繁殖发展的广阔之路。时至今日，中国已开发和种植了意大利黑玉米，九月金黑玉米，黑观音黑玉米，紫香玉黑玉米和太黑1号、2号、3号等多种黑玉米。

## 市场竞争力

目前，中国黑玉米产区主要在黑龙江、吉林、辽宁三省，河北、河南、四川、山东、山西、广西等省（自治区）也有种植，其产量和面积正在成倍地逐年增加。

黑玉米为什么有这么大的市场竞争力呢？分析起来，主要归功于其所含的丰富营养物质和黑色素。据测定，黑玉米中蛋白质含量比普通玉米高1.2倍，锌、磷、钾、钙的含量高1.5～4.1倍，所含19种氨基酸中有18种高于普通玉米，脂肪却不及普通玉米的1/2，故被营养专家称为健康食品。更为可贵的是其所含的黑色素成分，具有抗衰防病的奇效。常吃黑玉米，可以改善肝、心、肾、胃、脾的五脏功能，使之良性循环；能有效地清除人体内的**自由基**，减少脂肪的堆积，有助于保持良好的体形，预防心脑血管疾病。

在国外，欧美发达国家在吃这个问题上，曾走过“高脂肪、高蛋白、高热量”的“三高”道路，伴随而来的就是“高血压、高血脂、高血糖”等“富贵病”。因此，欧美人不得不在吃方面做出新的选择，所以像黑玉米这样的杂粮，便成为他们追求的理想食品。如今在欧美各国，黑色食品大行其道，诸如黑玉米蛋糕、黑爆米花、黑玉米粥、黑玉米面条、黑玉米粉丝、黑玉米啤酒等充斥着市场，很受消费者喜爱。

## 多种食用法

随着人们对黑玉米营养价值和保健功能认识的深入，黑玉米的食用方法也越来越多。乳熟期采收的甜质型黑玉米，被称为鲜

穗黑玉米，又称甜玉米，具有鲜嫩、甘甜、清香、软糯的特点，玉米粒可剥下直接用来炒菜、打汤、做罐头或整穗煮熟吃。著名的菜品有“黑玫瑰美味蔬”“黑观音营养菜”“肉丝黑玉米”“腰果黑玉米”“鸡蛋黑玉米”等种类。将黑玉米鲜穗的粒剥下来以后，用磨浆机磨浆以及一系列的加工处理后，还可以加工出黑玉米乳饮料、黑玉米胚饮料等。

老熟以后的黑玉米，更是能做出许多令人称颂的黑玉米系列食品。如将黑玉米碾成米状，可以煮成黑玉米粥和饭；将黑玉米碾成片状，可以煮或炒制成黑玉米片；将黑玉米磨成粉状，可以加工成黑玉米面粉。用黑玉米面粉，可以制成黑玉米面包、黑玉米淀粉、黑玉米面条、黑玉米粉皮、黑玉米营养糊、黑玉米饼干等。将黑玉米加入其他配料，煮熟或炒熟，再进行加工，又可以做成黑玉米糖、黑玉米酒、黑玉米醋等。爆黑玉米花，则是小孩、大人都爱吃的。此外，从黑玉米中提取的黑色素，亦可直接用于食品、医药和化妆品等行业中。

**小贴士**

**自由基：**自由基也叫游离基，是一种自由行走于人体内的不稳定原子。生命本身具有平衡或者清除多余自由基的能力，但如果受到废气废水、环境毒素、致癌物质、人工药物以及自身肝脏排毒功能不全等因素的影响，自由基的活动就会超量而失去控制，使血管变得脆弱，细胞老化，免疫功能衰退，引起各种退化性疾病。

# 虽有数斗玉　不如一盘粟

粟在中国北方通称谷子，南方为了与稻谷区别，除称粟之外，亦称粟谷、黄粟、籼粟或小粟。脱去颖壳后称为小米。在汉魏以前，大多把粟叫稷，如《尔雅》孙炎注："稷，粟也。"《齐民要术·种谷》中有："谷，稷也，名粟。"古代也有把粟叫禾、秫（shú）或粱的，直到明代李时珍的《本草纲目》才明确指出："穗大而毛长粒粗者为粱，穗小而毛短粒细者为粟。"

## 起源种植史

粟起源于黄河流域，是由野生狗尾草经过长期自然选择和人工培育而来的。根据考古学家对河南郑州裴李岗和河北武安磁山新石器时代早期文化遗址出土的粟粒测算（前者为公元前5935年，后者为公元前5400年），中国种粟已有七八千年的历史。属于新石器时代中期的西安半坡村遗址（公元前4115—前3635年），出土的陶罐内装有粟粒；山西、河北、云南、青海、台湾等多处发掘的新石器时代晚期文化遗址中也有粟的遗存，这都反映出中

国是粟的起源地。

许多历史典籍对粟均有记载。公元前7世纪成书的《鲁颂》云："九月筑场圃，十月纳禾稼。"西汉《氾胜之书》云："种禾无期，因地为时。"在先秦时期的文献中，"稷黍"合璧的表达较为常见，如《诗经·唐风·鸨羽》："王事靡盬，不能蓺稷黍。"[①]甚至在春秋时期，各国以粟作为俸禄的计量单位，如《史记·孔子世家》："卫灵公问孔子居鲁得禄几何？对曰：奉粟六万。卫人亦致粟六万。"《韩非子·外储说右上》："子路以其私秩粟为浆饭。"唐宋元明清各代，粟更是被写入了经传史和诗词歌赋。这里只引用两首古诗：其一，《悯农》："春种一粒粟，秋收万颗子。四海无闲田，农夫犹饿死。"其二，《锄禾》："锄禾日当午，汗滴禾下土。谁知盘中餐，粒粒皆辛苦。"前诗揭露了丰收之年仍有农夫饿死的社会现象，后诗道出了农民劳作的辛苦以及粮食生产的艰难，称得上千古绝唱。

## 品种有许多

粟的品种有许多。早在明代，李时珍就在《本草纲目》中提道："种类凡数十，有青、赤、黄、白、黑诸色，或因姓氏地名，或因形似时令，随义赋名。故早则有赶麦黄、百日粮之类，中则有八月黄、老军头之类，晚则有雁头青、寒露粟之类。"

现代对粟的分类方法通常有四种：第一种是按播种季节分，

① 盬，gǔ，止息，完了。蓺，yì，同"艺"，有种植之意。这句话的意思是王事没完没了，劳动人民不能下田种庄稼。

有春谷和夏谷之分；第二种是按穗型分，有圆锥、圆筒、纺锤、鞭绳、猫脚、鸭嘴、龙爪等型；第三种是按粒色分，有黄色、白色、红色、褐色、青色、黑色等色；第四种是按粒质分，有粳粟和糯粟之别。中国的粟以黄色居多，白色也常见。通常红色、灰色者为糯粟，黄色、白色、褐色、青色者为粳粟。一般浅色粟粒壳薄，出米率高，米质好；深色粟粒壳厚，出米率低，米质差。

著名粟品种有山西省沁县的沁州黄，这种粟色蜡黄，粒小圆润，蒸熟后松软甜香；山东省金乡的金粟，米金黄色，油性大，含糖量高，熟米质软味美；北京近郊的伏地小米，粒很小，色黄耀眼，淀粉和可溶性糖含量较一般小米要高，食味相当好；河北省蔚县的桃花米，粒大色黄，爽口油润，出米、出饭率均高。此外，山东省章丘、陕西省延安等地所产的粟，也有较高的声誉。在《中国谷子品种志》这本书里，记录了多达422个全国优良的、具有代表性的品种。

## 大米的弟弟

粟的颗粒相当小，千粒重仅1.5～4.5克。粟以脱壳后的小米供食用，出米率一般为70%～80%。米色以黄为主，也有洁白及灰、青、绿诸色。以颗粒圆正、碎米加杂质不超过7%、色泽鲜者为上品，发霉变质的不能吃。

自古道："小米是大米的弟弟。"北国高寒，土地贫瘠，干旱无雨，许多地方不适合种水稻，只好种植粟、玉米或高粱等粗粮，故小米是北方的主要粮食之一，有少数地方甚至作主粮。

粟多用来熬粥、煮饭或磨成粉制作糕、饼等。糯性小米可以代替糯米（江米）、黍米之用，或包粽子，或做年糕、枣糕、小米糖、小米丸子等。将小米粉配伍小麦粉，烤制面包和加工面条，

吃来别具特色。论口感，小米饭较之大米饭并不逊色多少，小米粥较之大米粥还略胜一筹。美食专栏作家邓云乡在《中国烹饪》上呼吁："现在罐装八宝粥，到处都是，却没有人制造罐装小米粥，真是遗憾!"

在食品工业发达的今天，粟还用来加工淀粉糖；经发酵，生产酒、醋和酱等。浙江的黄酒、山西的潞酒，就是以粟为主要原料酿造的。正因为粟可以酿酒，所以酿酒用的黏谷，一律称为酒谷。

同稻谷一样，粟耐储藏，其坚硬的颖壳，称得上是"带盔甲的粮食"。北方历代义仓（赈灾用）存储的大都是粟。民间亦有"九谷尽藏，以粟为主"的说法。脱下颖壳的谷糠，除了可作养猪养鸡的饲料外，还是榨油、提取蛋白质制品的极好原料。

## 米油代参汤

民谣说："虽有数斗玉，不如一盘粟。"如果从营养价值上看，小米超过了大米。报载，每100克小米含蛋白质9.7克，脂肪3.5克，碳水化合物72～76克，钙29毫克，磷240毫克，铁4.7～7.8毫克；还含有维生素$B_1$、维生素$B_2$和维生素A等。与大米相比，不但蛋白质、脂肪含量高出甚多，而且维生素$B_1$高1.5倍，维生素$B_2$高1倍，粗纤维高4～7倍。特别是人体必需的色氨酸、蛋氨酸，小米中的含量比其他粮食都高，且易消化吸收。

民间称"小米养人"。其养生食疗作用，主要是补脾养胃及养阴清热，治疗脾胃虚弱所致的消化不良、四肢乏力、大便

溏泄所致的口渴多饮、反胃呕吐、善饥多食之症。

北方农村风俗，产妇要喝小米粥，有的婴儿也用小米粥哺养。许多人回忆童年时代的生活，常自豪地说："我是吃小米粥长大的。"吃小米粥确实有益于健康，尤其是小米粥上面浮的那一层黏稠物，被称为米油或粥油，经常食用，具有补虚损、养肾气、健脾胃、强精壮阳的作用。清代王士雄在《随息居饮食谱》谓之"米油可代参汤"。焖小米饭的锅巴，中医称为黄金粉、焦饭，有消积止泻、补气运脾的功效，可治食积腹胀、脾虚久泻、小儿消化不良等症。近年来，日本在全世界率先兴起食用小米等杂粮的热潮，英国、墨西哥的一些医院和欧洲的许多疗养院，也把小米列入食疗食谱。不过，无数养生实例证明，食物疗法以小米配伍其他物品煮粥为佳。

# 红 高 粱

秋天是农作物收获的季节。金风吹熟了水稻，吹熟了玉米、谷子，也吹熟了高粱。那红艳艳的高粱同金黄色的稻谷、玉米、谷子等交相辉映，点缀着祖国的大好河山，给人们带来了丰收的喜悦。

## 并非外来客

高粱古称蜀黍、蜀秫、乌禾、木稷，别名芦粟、芦穄（jì）、秫秫、荻粱，元代以后通称为高粱。

按照世界流行的说法，高粱起源于非洲，于史前传入埃及，之后传入印度，再由印度于公元2—3世纪传入中国西南地区，至元明时期才在全国广泛种植。文献记载最早的是三国魏时张揖的《广雅》所提到的“乌禾”，和晋代张华的《博物志》所提到的“蜀黍”。

魏晋之前的文献无高粱记载，并不等于中国种植的高粱就是“外来客”。1931年在山西省万荣县荆村的史前遗址发现了作物壳皮，经鉴定有粟和高粱，据保守估计，距今至少有4 500年。1959年，江苏省新沂市三里墩遗址发现了炭化的植物杆叶，经南京农学院专家鉴定为高粱，年代属西周。1980年，陕西省长武县碾子坡先周文化遗址发现了炭化植物籽实，经中国科学院植物研究所

植物分类专家鉴定为高粱，碳-14测定年代为距今3 250～3 350年。1985年，农史专家李潘在甘肃省民乐县东灰山遗址采集到大批炭化植物种子，其中有高粱，年代测定为距今5 000年。无数考古实物证明，中国早在3 000～5 000年前就种植有高粱。

现代高粱的栽培种，无疑是由原始高粱的野生种驯化而来。“非洲高粱起源说”之所以成立，就是因为那里发现有高粱的野生种祖本。有报道说，中国已发现两种野生高粱：一种是帕拉高粱亚属的光高粱，另一种是高粱亚属的拟高粱。虽然不敢妄下结论现代种植的高粱是由这两种野生高粱演化而来，但综观考古资料和各方面的情况，基本上可以肯定中国也是高粱的起源地之一。

## 庄稼的骆驼

高粱大多一年一熟，也有一年两熟的。李时珍在《本草纲目》中道：“蜀黍宜下地。春月播种，秋月收之。茎高丈许，状似芦荻而内实。叶亦似芦。穗大如帚。粒大如椒，红黑色。米性坚实，黄赤色。”基本上把高粱的形态特征描述了出来。

高粱最大的特点是耐旱，被人们称为“庄稼的骆驼”。它根系发达，入土极深，四处伸展，能在较大的空间内接触到水分，即使在干旱时也能把土壤里仅有的水分吸收到体内。茎秆的外部和叶面敷有一层蜡质，遇旱时叶片能自行卷缩以减少水分的蒸发。在干旱时节，它还能暂时处于“休眠”状态，等到获得水分时又能很快恢复生长。

高粱也很耐涝，即使田间积水长达3～5天，只要不淹没穗部，对其生长和产量的影响都不大。主要是因为高粱茎秆高大，坚硬结实，水分不易渗入茎内；加上高粱根系对水患造成的缺氧危害具有一定的承受能力，所以能耐涝。当然，高粱耐涝的能力是有限的，如果水浸过深过久，受害是不可避免的。

## 世界分布广

高粱在世界分布较广，能适应各种气候和土壤，全世界的种植面积有5 000万公顷左右，收获面积和总产量仅次于小麦、水稻、玉米，是世界四大谷类粮食之一。主要产区在亚洲、非洲和美洲。种植面积最大的是印度，其次是美国、尼日利亚、苏丹和中国。产量以美国最高，印度和中国略次。

中国东北和华北广大地区是高粱的主产地。每到夏季，漫原遍野，一片溟蒙蓊翳，民间称为“青纱帐”。南方各省虽也产高粱，可大都是利用田边地角零星种植，很少见到成大片的高粱地。近些年，中国高粱年产量达300万～400万吨，仅东北三省就占65%。其中尤以辽宁为最，无论是播种面积、总产量还是单位面积产量都排在全国首位。

经过长期的风土驯化和人工选择，高粱已有许多品种。如按原产地和生态型分类，可分为中国高粱、印度高粱、南非高粱、

西非高粱、北非高粱、中非高粱和亨加利高粱。按穗型分类，可分为散穗高粱和紧穗高粱；散穗高粱又可分为直立散穗型高粱和下垂散穗型高粱，紧穗高粱亦可分为穗柄直立型紧穗高粱和穗柄弯曲型紧穗高粱。按用途分类，则可分为粒用高粱、饲用高粱、糖用高粱和工艺用高粱。

## 食用好杂粮

高粱是一种粮食和饲料兼用的谷物。有数据表明，非洲各国，印度、巴基斯坦等国，将高粱总产量的50%作为食粮。欧洲、美洲、大洋洲各国多以高粱作为饲料。美国98%的粒用高粱用于本国畜牧业及向非洲一些国家和日本出口，2%用于工业加工。

20世纪上半叶，高粱是中国东北居民的主粮之一，以后由于小麦、水稻种植面积的逐渐扩大，食用高粱日趋减少，及至目前则大部分用于饲料和食品加工。

其实，高粱是一种很好吃的杂粮。特别是东北产的白高粱，粒大，扁圆长形，两头稍尖，质地坚实。脱皮后米色洁白，煮的饭松散柔软，喷香爽口。吉林人喜欢吃豆饭，其中有一种叫“高粱米赤豆饭”，烹制时先下赤豆煮至六七成熟，然后下高粱米同煮，焖至米烂豆熟即成。过去北京郊区夏天吃的一种“高粱米水饭”，有点像上海人吃的泡饭，即将蒸熟的高粱米饭放入盆中，加冷开水泡些时间，然后吃饭喝水，既充饥又解渴。

高粱米粥也是相当好吃的，倘加进豆类煮成粥则更受人们喜爱。民间流传有“高粱米加大芸豆煮粥，越吃越没够”的俗语，足见是多么诱人。大概是由于水土、气候的关系，南方所产的高粱却不宜做饭吃，也很少有人煮粥吃。一是煮不烂，二是涩味重、不好吃。

高粱的另一种吃法是制成面制品和小吃。如饸饹、擦面、剔八姑、拌疙瘩、汤圆、甜饼子、窝窝头、油糍粑、饽饽、糕点等多种。特别是饸饹和剔八姑这两种高粱面制品很有意思。前者是将高粱面加适量榆皮面，有的也与白面、豆面掺和后加水和成面团，放入饸饹床中挤压，由底孔中挤出面条，流入沸水锅中煮熟，浇上臊子后食用；后者是将高粱面和成面团后，盛入剔板内，用铁筷将面逐根剔入开水锅内，边剔边煮，熟后捞出，浇上臊子或调味品吃。

“秫黍美醪酒旗挑，琼浆玉液喜千瓢。”自古以来，高粱一直是酿酒的优质原料。像中外驰名的茅台、五粮液、汾酒、竹叶青、古井贡酒、泸州大曲等，都是以高粱为主要原料酿造的。此外，高粱还可以制作淀粉、粉条、酱油、味精、醋、饴糖等。有一种甜高粱，茎秆含糖量高，可以制糖浆，也可以当水果来吃。

## 不足的地方

根据产地的不同，高粱的营养成分也不一样。拿东北所产的高粱米来说，每100克中含蛋白质10.4克，脂肪3.1克，碳水化合物70.4克，膳食纤维4.3克，钙22毫克，铁6.3毫克，磷329毫克，维生素$B_1$ 0.29毫克，维生素$B_2$ 0.1毫克，烟酸1.6毫克。由于高粱里碳水化合物中的**单糖**和淀粉中的支链淀粉含量较高，所以热能高于玉米、面粉和大米，吃后极耐饥饿。

美中不足的是，高粱所含的蛋白质含量虽然与一般粮食不分上下，但利用价值不太高。高粱米中易消化的**碱性蛋白酶**含量低于大米和面粉，难消化的**酸性蛋白酶**含量却高于大米和面粉。高粱含有少量鞣酸（即单宁，多在种皮内），这是一种多酚有机化合物，不仅味涩，影响适口性，而且与蛋白质结合后不易被胃肠消化吸收。因此，食用高粱时最好配以其他含有较优质蛋白质的食物，如大米、小米、面粉、芸豆、赤豆、菜豆等。

**小贴士**

**单糖：**糖类是供给人体热能的主要物质，占人体每日所需总能量的60%～70%。根据分子结构的复杂程度不同，可分为单糖、双糖和多糖。单糖是结构最简单的糖，只有一个糖分子，不能再被水解。单糖味道甜美，易溶于水和结成晶体。

**碱性蛋白酶和酸性蛋白酶：**生命活动中的消化、吸收、呼吸、运动和生殖都是酶促反应过程。碱性蛋白酶是指在碱性条件下能够水解蛋白质肽键的酶，最适pH为9～11。广泛应用于洗涤剂、食品、医疗、酿造、丝绸、制革等行业。酸性蛋白酶是指在酸性条件下水解蛋白质肽键的酶，最适pH为2～6。

# 惠我荞麦面　美味加助餐

## ——说荞麦

郭沫若特别爱吃日本人制作的荞麦面条。1955年，他应邀访问日本，日方出面接待的友好人士茅诚司，特意请他在上野的一家荞麦面馆吃了顿荞麦面条。1977年秋，茅诚司来华访问，从日本给郭沫若带来了荞麦面条。当时郭沫若卧病在床，他收到日本友人从几千里之外特地带来的礼物，感慨万端，亲笔赋诗一首：

惠我荞麦面，回思五五年。
深情心已醉，美味加助餐。

### 悠久的历史

荞麦又有荍（qiáo）麦、乌麦、花荞、甜荞、荞子等称谓。原产于中国和中亚地区，有着悠久的种植历史。考古工作者在甘肃省武威磨嘴子东汉墓葬中发现的荞麦实物可证，荞麦在西北各地的种植历史已有2 000多年。文字记载最早的见于古籍《神农书》和北魏时的《齐民要术》，此后的历代文献均有关于荞麦的种植、食用记载及诗词歌赋。如唐代大诗人白居易的《村夜》云："霜草苍苍虫切切，村南村北行人绝。独出门前望野田，月明荞麦花如雪。"同代诗人温庭筠的《处士卢岵山居》云："千峰随雨暗，一径入云斜。日暮鸟飞散，满山荞麦花。"宋代王禹偁（chēng）

亦有“棠梨叶落胭脂色，荞麦花开白雪香”的佳句。元代《王祯农书》记载：“北方山后诸郡多种。治去皮壳，磨而为面，焦作煎饼，配蒜而食。或作汤饼，谓之河漏。滑细如粉，亚于面麦，风俗所尚，供为常食。”明代李时珍《本草纲目》记载：“荞麦之茎弱而翘然，易长易收，磨面如麦，故曰荞，曰荍，而与麦同名也。俗亦呼为甜荞，以别苦荞。”

现今种植荞麦较多的国家有中国、加拿大、俄罗斯、法国和波兰。相传，日本的荞麦是从中国传去的。盛唐时期，即日本的奈良时代，东渡的中国僧侣们，用荞麦面做成多种食物带到日本，同时也带去了荞麦种子，于是日本就有了荞麦。

## 优美的形态

荞麦属一年生草本蓼科植物。禾高0.5～1米，茎直立，有分支，略带紫红色。叶互生，三角状心脏形，有长柄。叶腋或茎端着生总状花序，异形花，花被白色或淡粉红色，基部有蜜腺。瘦果三角形，有棱，皮黑色或银灰色，磨成粉后面粉呈灰白色。在黄河流域荞麦产区流传着这样两首民谣，其一：“头戴珍珠花，身穿紫罗纱。出门二三月，霜打就回家。”其二：“红柳树，弯弯腰；黑马马，下白羔。”这就栩栩如生地把荞麦的优美形态描绘了出来。

中国荞麦产区，主要分布在西北、东北、西南和华北山区，中南、中原、华东等丘陵地带也有种植。因适应性强，在土质

贫瘠、气候寒冷、干旱少雨、种稻麦作物减产的地方都能种荞麦。荞麦从播种到收割大概需要70～90天，在春、夏、秋季都可播种，适宜在田间间作或套作。许多地方，往往在粮食歉收或夏粮遇到灾害没有赶上季节种其他作物时而去种荞麦。所以，荞麦又是各地理想的抗灾救荒、填闲补种的好庄稼。随着品种的改良，优种的推广，荞麦亩产由以前的40～50千克，增加到现在的150～200千克，高的可达300千克。

## 丰富的营养

荞麦含有丰富的营养物质，每100克籽粒中含水分约12克，蛋白质9.2～10.9克，脂肪2.2～3.1克，碳水化合物68.4～74.3克，粗纤维0.6～1.4克，灰分1.8～3.6克，以及多种矿物质和维生素。据日本学者研究，从营养价值来看，小麦面粉的指数为59，大米为70，而荞麦面粉则为80。一般谷类粮食比较缺乏的赖氨酸、色氨酸和精氨酸，荞麦中最为齐全。其所含脂肪酸有9种以上，最多的是亚油酸和花生烯酸，这两种物质起着降低人体血脂的作用，也是人体神经系统重要的组成成分；在人体的生理调节中起重要作用的前列腺素，更是离不开花生烯酸。荞麦含有丰富的镁，镁能促进人体纤维蛋白溶解，使血管扩张，抑制凝血酶的生成，具有抗血栓的作用，也有利于降低血清胆固醇。

值得一提的是，荞麦中还含有其他粮食中很少有的芦丁（芸香苷）。芦丁有降低人体血脂和胆固醇以及软化血管的功效。尼泊尔山区在以荞麦为主食的地方，人们几乎不知道高血压是怎么回事。因荞麦具有下气宽肠、健胃止痢、消积祛湿、清热解毒之功，中医还将其视为调治食积、尿浊、痢疾、咳嗽、水肿、赤白带下等病症的重要药物。

## 众多的吃法

荞麦磨成的粉，称为荞麦面或荞麦面粉。虽然没有小麦面粉白，烹制出来的食物是灰色的，黏性和韧性比较差，但荞麦面有许多不同的吃法。常见的有刀削面、剔尖子、扒糕、饺子、凉粉、麻食子、拨鱼儿、蒸窝头、煎油饼、烙葱饼、烤粑粑等。还可用荞麦面制作出来各种方便食品，如饼干、面包、干吃面、凉面、油炸片（条）、营养速冲面糊等。

山西人普遍吃的饸饹，更是体现出了荞麦面食的风味。它的制法是：先将荞麦面用水调拌均匀，再放入少许碱水，揉成精软光滑的面团；然后将饸饹床架在开水锅上，取面团填入饸饹床孔内，一手按饸饹床把，一手用力压面团，使其形成面条掉入开水锅内，当面条浮起时就熟了，捞出装碗；加入事先做好的（最好是羊肉制成的）汤菜或浇头，配葱、姜、蒜、辣椒油等调料供食。元代许有壬诗云："坡远花全白，霜轻实便黄。杵头麸退墨，硙齿雪流香。玉叶翻盘薄，银丝出漏长……"这"银丝出漏长"，正是诗人对饸饹的礼赞。

宁夏回族居民制作的荞面搅团，也很有地方特色。据丁超撰文介绍，将锅中水烧开以后，加入半碗黄米或大米，煮稠，再放三五颗大青盐，随即取一双硬竹筷或两根稍粗的木棍，边向锅中撒荞麦面粉边搅拨，以防面粉糊底，直搅到面锅突起面泡、面色

泛黄时，方可起锅；再用精盐、小葱花或嫩韭菜、香醋、辣椒油、酱油、香菜等调制成蘸料，搅团配蘸料，吃来酸甜香辣，开胃适口。

驰名塞外关里的张家口小吃莽面碗坨，则是先将莽麦面调成稀浆盛在大碗里，上笼蒸熟；然后晾凉，扣出，用小刀削成面鱼儿或不同形状的薄片，码在碗里，上面淋些香油、辣椒油、蒜泥汁、芥末等调料，吃来又光又筋又入味，堪称荞麦面食中的一绝。名食还有山西的荞面灌肠、猫耳朵，宁夏的荞面鱼鱼、荞面摊馍、蒸饼，陕西的荞面蒸饺、剁荞面，甘肃的荞麦面凉粉等，不胜枚举。

## 也有不足处

荞麦除了加工成面食外，还可以直接当米煮粥吃，经发酵制作成营养醋和保健酒等。荞麦的嫩芽叶是理想的保健蔬菜，炒食极为脆嫩可口，最适合中老年人食用。荞麦花则是蜜蜂的良好蜜源，其花期长，泌蜜量大，一亩荞麦可收花蜜4～7千克，且质量好，用途广。荞麦磨粉筛出来的荞麦皮，是填充枕头的好材料，具有明目醒脑的作用。荞麦秸是很好的燃料，粉碎以后还可以作禽畜的饲料。可见，荞麦全身是宝。

但荞麦也有不足之处，一是籽粒中含有丹宁。这种物质有双重作用，少量食用对人体有益，过量食用则有损肠胃，脾胃虚寒、腹胀、便溏者尤应注意。二是荞麦植株中含有红色**荧光色素**（花中尤多），极少数人吃了荞麦食品后，会引发对光敏感或过敏性皮炎。这种症状叫荞麦病，耳、鼻、咽喉、支气管、眼部等处会发炎及肠道、尿路的刺激症状。停食以后，症状可以逐渐缓解。

**小贴士**

**荧光色素**：荧光色素是一种能够产生荧光并能作为染料的有机化合物，必须具备吸收激发光的光能并能发射荧光，具有吸收一定频率光能的生色团和能产生一定光亮子的荧光团。荧光色素可以发射红、橙红、黄、绿及蓝色等荧光。

# 刮目相看苦荞麦

荞麦源起于中国，种植历史十分悠久。言其麦实非麦，在作物分类学上属一年生草本双子叶蓼科植物。目前我国种植的荞麦有4个品种，即甜荞麦、苦荞麦、有翅荞麦和米荞麦。常年种植面积约50万公顷，居世界第二位；苦荞麦的种植面积较大，仅四川凉山彝族自治州的苦荞麦种植面积就达50万亩，因此这个地方是我国苦荞麦的集中产区之一。

## 又称鞑靼荞

苦荞麦又称鞑靼（dá dá）荞麦，主产区在西南、西北一带高寒山区。早在明代，李时珍就在《本草纲目》中说："苦荞出南方，春社前后种之。茎青多枝，叶似荞麦而尖，开花带绿色，结实亦似荞麦，稍尖而棱角不峭。其味苦恶，农家磨捣为粉，蒸使气馏，滴去黄汁，乃可作为糕饵食之，色如猪肝。谷之下者，聊济荒尔。"

苦荞麦的形态特征恰如李时珍的上述描述。茎为绿色，分枝多，叶基部有明显的花青素斑点。每根果枝上均有稀疏的总状花序，花较小，淡黄绿色或紫红色，基部有蜜腺。瘦果较甜荞麦小，呈不明显的三棱形，有的为波浪状；表面粗糙，两棱中间有深凹线，壳厚，籽实内的淀粉味苦。一般亩产可达100～200千克。

因抗逆性和适应性极强，生长期不到两个月，故春夏秋三季均可播种。逢灾年改种或补种苦荞麦，能获得好收成，其是较好的救灾度荒作物。

## 主产区口粮

“一方水土养一方人”。苦荞麦虽味苦，但并不是苦得不能入口，如果吃惯了苦荞麦，其实如同吃大米白面似的味美。在地域饮食文化结构中，千百年来，苦荞麦一直是主产区民众维系生命的基本口粮。像四川凉山的彝族居民，日常饮食便以苦荞麦为主食，贵州威宁居民亦以“苦荞麦、洋芋过日子”。

苦荞麦必须磨成粉以后才能食用。这种粉加工出来的食品是绿黄色的，常见的有面条、面片、面糊、疙瘩、扒糕、蒸饺、饸饹、烙饼、凉粉等。

据有关资料介绍，凉山居民喜欢吃“苦荞疙瘩”。其做法很简单，将苦荞麦面中加水揉成面团，然后醒一段时间，醒好后将面团拉扯成一个个的面疙瘩，或者揉搓成有如豌豆大小的颗粒，将疙瘩或面颗粒放入开水中煮，煮熟后舀在碗内，加进菜码和调料，吃来韧纠纠的，略带苦味。

凉山居民吃的“苦荞面汤”，其面不是用压面机轧的，也不是用擀面杖擀的，而是用手搓的。凉山的女人们围着花围裙，将面团做成手指大小的“结”，双手合十，前后搓动。待搓成面条后直接投进锅内烹煮。技艺高超的煮妇，两手可以同时搓出几根面条，并且粗细均匀，有的甚至可以细到龙须面的程度。这种面条比机

器轧的面条要好吃得多，堆在碗里黄绿绿的，很好看，加上红油和酸汤，确实诱人食欲。

“苦荞粑粑”是凉山人上山干活、外出打工必备的干粮。制作一个粑粑要2～3千克苦荞麦粉，其做法是将粉揉成面团后，两手不停地转、捏，直至捏成厚度适中的一个大粑粑，再将其放进柴火灶或柴火堆的火灰里慢慢烤熟。然后从火灰内扒出熟粑粑，吹拍掉火灰，便可随带作干粮食用。

尽管苦荞麦能做出许多食品，但因其味苦，适口性差，以往一直被认作粮中下品，只有身居苦荞麦产区的平民百姓才将其作主食。

## 多功能食品

苦荞麦因味苦而不受欢迎，但极高的营养价值和保健功效却令人刮目相看。据北京市粮食科学研究所化验分析，苦荞麦的成分与其他粮食的成分比较，其蛋白质、脂肪含量都高于大米、白面；维生素$B_2$的含量高于大米、玉米粉的2～10倍；芦丁和叶绿素更是禾谷类粮食所没有的；其他营养成分，如矿物质、食用纤维等，也都不同程度地高于其他粮食。

值得一提的是，苦荞麦的蛋白质含量不仅高，且含有19种氨基酸，其中8种是人体必需的。其脂肪中含有的9种脂肪酸，是降低血脂、合成**前列腺素**和眼神经细胞的重要成分。日本学者在研究苦荞麦后认为，由于其脂肪酸全部是不饱和脂肪酸，外层粉中的芦丁和烟酸含量又高，故有降低人体**胆固醇**，预防心脑血管疾病的作用。芦丁还有增强毛细血管的通透性，提高微血管循环，促进维生素C在体内蓄积的作用。中医还认为，苦荞麦中的苦味素有清热降火、健胃益脾、止咳祛痰等功效，有很好的药用价值。

由于苦荞麦集粮食、营养、保健、食疗于一身，许多食品科技工作者还将其誉为“理想的多功能食品”。根据多年在凉山从事农业科研的工作者们介绍，彝族居民很少吃蔬菜、水果和肉类，一日三餐多以苦荞麦面为食，但少年儿童发育良好，成年人牙齿洁白坚固，老年人耳聪目明，乌鬓黑发，很少有患高血压、糖尿病、心血管病和肠胃病的，寿命也比较长。这不得不说与长期食用苦荞麦有关系。

## 发展前途大

在人们心目中长期被视为下等谷物的苦荞麦，一经被发现是一种富含营养、独具食疗功效的特殊食粮后，人们便普遍重视而努力开发这一资源。

1984年，四川省科协组织科技人员对开发凉山苦荞麦资源进行了可行性论证；并从1985年开始与京、津一些医学、科研单位协作开展研究。农业部定点的苦荞麦生产基地——山西省灵丘县，以苦荞麦为主要原料生产出了挂面、饮料、饼干、降糖茶等多种食品，对糖尿病、高脂血症有较好的辅助治疗作用。

北京市粮食科学研究所经10多年的开发研究，创制了鞑靼荞系列保健品，早年报道就有“鞑靼荞速食粉”“鞑靼荞颗粒粉”“鞑靼荞袋泡茶”等品种，对糖尿病、高脂血症和胃病等均有辅助治疗效果。这些情况表明，苦荞麦确实属于加工营养保健品的理想原料，其发展前途是相当大的。

有关专家指出，发展苦荞麦保健食品，一方面要加强对苦荞麦营养价值的宣传，改变人们对它的传统偏见；另一方面要研究各种苦荞麦食品的配料比例，以改善其口感和适口性问题。

## 小贴士

**前列腺素：**前列腺素是一种具有多种生理功能的活性物质，最早发现它存在于人的精液中，后来医学家们又发现体内许多组织细胞都能产生前列腺素，可说得上无处不在。其结构有A、B、C、D、E、F、G等类型。对生殖系统、消化系统、心血管系统和神经系统发挥重要的调节作用。

**胆固醇：**胆固醇是组成血液的脂类物质之一，主要来源于动物食品（特别是肝、肾等内脏），人体亦可以自行合成。在健康人的体内，胆固醇的量总是保持平衡状态。如果摄取的食物胆固醇过高不能得到很好的调整，就会引起高血压、高血脂、高血糖、动脉硬化、冠心病等疾病的发生。

# 莜麦一大宝

莜麦，属禾本科燕麦类谷物。中国各地叫法不同，有叫燕麦、玉麦、番麦的，也有叫乌麦、油麦和铃铛麦的。不过，因此麦成熟后，麦与稃分离，籽粒裸露，学名则称为裸燕麦。

## 分布有局限

莜麦原产于中国，大约有3 000年的种植史，现已成为一种世界性的粮食作物。受气候条件的限制，莜麦主要分布在北半球的温带地区。燕麦在世界禾谷类作物中的种植面积和总产量居第6

位，次于小麦、玉米、水稻、大麦和高粱。

中国种植的燕麦类谷物以莜麦为主，占90%以上，每年种植面积为200万公顷左右。主产区在内蒙古、西北、华北一带。民谣有："内蒙古三大宝：莜麦、山药（土豆）、羊皮袄。"据有关方面研究，内蒙古莜麦种植面积最多，占全国莜麦总面积近40%，其次是河北、甘肃和山西，分别为20%、15%和14%。集中产区在内蒙古的阴山两侧；河北的张家口坝上；山西的西北部；陕西、甘肃、宁夏的六盘山山麓；年降水量300～450毫米，年平均温度2～6℃的旱作农区以及云南、贵州；年平均温度6～8℃，海拔2 000～3 200米的四川大、小凉山山区。

## 耐寒且耐旱

莜麦株高、丛生，既耐寒且耐旱，对土壤肥力要求不严。一般春季播种，秋季收获，生长期80～125天；也有的地区秋季播种，到第二年7—8月收获，生长期230～250天。穗为低垂状，呈周散型或侧散型，籽粒不带稃，千粒重16～25克。

河北张家口有一个流传很广的故事，说是神农氏统管五谷杂粮诸神时，派莜麦奔赴口外坝上安家落户，造福人间。神农氏深知口外寒冷，饯别时取王母蟠桃宴上的琼浆一坛，让莜麦饮了后御寒。所以现今农民在播种莜麦时，常常用酒来拌种，借以感谢莜麦神。今天看来此举是给种子杀菌、保护种苗的需要。

莜麦落户坝上以后，神农氏到民间视察，发现忠于职守的莜麦冻坏了双耳，便将此事告诉了王母。王母说："口外多羊群，可用羊毛织耳套予以防冻。"因此至今莜麦籽粒被茸毛紧紧地包裹着。民间传说折射出科学的底蕴，反映出莜麦的植物学和生物学特征，以及莜麦为坝上民众所立下的不朽功勋。

## 耐饥又耐饿

莜麦以磨成的面粉、面片或碾压成的米供食用，是世界公认的营养价值高的耐饥耐饿食粮。食谚说："四十里[①]的莜面，三十里的糕，十里的荞面饿断腰。"意思是说，吃一顿莜麦面做的食物能走40里路，吃一顿用黄米面做成的油炸糕能走30里路，而吃一顿荞麦面做的食物只能走10里路就饿了。这充分表达了人们对吃莜面食物耐饥耐饿的感受，蕴涵着丰富的内在特征，同时也说明过量吃莜面不容易消化。

有报道说，莜面含蛋白质15%，脂肪8.5%。这个数据超过了大米、小米、黄玉米面、高粱米、荞麦面、小麦面这6种常见粮食的蛋白质、脂肪的一般含量。其氨基酸的含量也很高，每100克莜面含赖氨酸680毫克，蛋氨酸327毫克，胱氨酸537毫克，色氨酸214毫克，缬氨酸973毫克，异丙氨酸869毫克，苏氨酸645毫克，组氨酸393毫克，异亮氨酸583毫克，精氨酸1 115毫克，均超过了小麦面、大米、小米、高粱米、黄玉米面中对应氨基酸的含量。莜面含碳水化合物64.8%，少于黄玉米面、小米、小麦面和荞麦面的碳水化合物含量。

## 常见吃法广

莜麦是内蒙古、晋西北、河北坝上等产区的主粮之一。莜麦的吃法较多，一般是将莜麦磨成面粉，用凉水或开水和面，然后将面加工成各种形状的面食，经煮、蒸、炒、烙制而

① 里为非法定计量单位，1里=500米。

食用。

煮制的如“打块垒”，即将莜面倒进锅里，边烧火边加水搅拌，遂成疙瘩面，吃时拌以腌菜汤或炒好的辣椒。用凉水和面，将面团搓成1～3厘米长两头尖中间宽的面鱼，称为“搓鱼鱼”，在小米粥内煮入小鱼鱼，叫“鱼儿钻沙”；在土豆、西葫芦、白菜等汤内，煮入小鱼鱼，叫“焖锅疙瘩子”。将莜麦煮熟烤干，碾压成米，煮成饭，叫“莜麦米饭”；这种熟制的莜麦米，可随身携带，当零食吃。

蒸制的如“莜面卷子”，即将莜面用开水和成面团，将面团推成薄片，卷成卷，上笼屉蒸熟而成。以开水和面，用手将面团搓成小鱼鱼，上笼蒸熟，叫“蒸鱼鱼”。准备一把中式菜刀，取一小块面团，在菜刀面上将小面团按成长长的薄片，再由食指和中指轻轻揭起，乘势以食指为轴心卷成一个小筒，放在笼屉内蒸熟，叫“莜面窝窝”。将莜面团擀成比饺子皮略厚，包上土豆丝或杂以白菜、苦菜、肉馅等蒸制而成，叫“莜面角角”。

炒制的如“莜麦炒面”，即将莜麦炒成黄色，杂以芝麻、黑豆、臭兰香等，共磨成面而成。将“莜麦炒面”加水调和吃，或拌熟土豆丝、土豆片吃，名曰“炒不烂子”。

烙制的如“橡头饼饼”，即将凉水和的莜面团搓成直径约10厘米粗细的圆柱，用线切割成小饼，在火盖上烙熟而成。将莜面与熟土豆泥混合做成的圆形大饼，在火盖上烙熟，叫“山药（土豆）旋饼”或“饽饽”。

在现代食品工业中，莜麦还可以加工成许多方便食品，如速食莜麦片、莜麦粥罐头、莜麦粉等。将莜麦面掺合在面粉中加工成面包、饼干、糕点等，则别具风味；而莜麦面条，又是城乡居民喜欢吃的珍品。

## 营养保健品

随着人们生活水平的提高和膳食结构的改变，越来越多的人面临着营养过剩引起的一些基础病，如肥胖病、糖尿病、高血压、高血脂和动脉粥样硬化等。为了让人们吃得健康，食品科技工作者将探寻营养保健食品定为其研究课题，而莜麦正日益受到人们的青睐。据美国的一项研究发现，每天吃一些莜麦，可使人体血液中的胆固醇降低3%，使冠状动脉患者的死亡率减少3%。伦敦国防医学院的研究结果也证实了这一点。他们认为，莜麦能够降低胆固醇和预防心血管疾病，主要是由于莜麦含有一种特殊的**可溶性纤维**，这在其他谷物中是很难找到的。

由于莜麦含蛋白质高，含糖量低，因而最适合糖尿病人食用。经多方面观察，在糖尿病人的饮食中搭配适量的莜麦食物，可改善、稳定糖尿病人的病情。莜麦还可有效降低人体中的胆固醇、甘油三酯、低密度脂蛋白，提高高密度脂蛋白等，经常食用，可对中老年人的主要威胁——心脑血管疾病起到一定的预防作用。

**小贴士**

可溶性纤维：可溶性纤维是既可溶解于水又可吸水膨胀，并能被大肠中微生物酵解的一类纤维，常存在于植物细胞液和细胞质中，主要有果胶、植物胶、黏胶等。

# 认识黍及稷

历史上，黍、稷是重要的粮食，上古时期的黄河上、中游地区居民，均以黍、稷为主粮。尤其是稷，被誉为“百谷之神”。《礼记・祭法》载：“是故厉山氏之有天下也，其子曰农，能殖百谷；夏之衰也，周弃继之，故祀以为稷。”古代以“社稷”代表国家，“社”为土地神，“稷”为谷物神。《礼记・曲礼下》中说：“国君死社稷。”《礼记・檀弓下》又说：“能执干戈以卫社稷。”只是到了现代，人们以稻、麦为主粮，黍、稷逐渐被淡化，以至南方许多年轻人不知黍、稷为何物。

## 一类出二种

黍、稷在农作物分类学上，都归于粮食类禾本科黍属一年生草本植物。正如明代李时珍在《本草纲目》中所言：“稷与黍，一类二种也。”其米粒有糯性和粳性两种：糯性种在古代称为黍，并将赤者称糜，白者称芑（qǐ），黑者称秬（jù），一稃二米者称秠（pī）；粳性种称为稷、穄（jì）、糜或粢（zī）。今日北方也有称糯性黍为黏糜子、软糜子，南方称黍子、夏小米、黄粟或大粟；西北地区称粳性黍为糜子，东北或南方部分地区称稷子或黄米。但大多将黍和稷统称为黍，如同“稻之有粳与糯也”（《本草纲目》）。粮食类作物中，黍、稷的别名复杂，也最乱，有时还与粟类、高

粱等相混，乃至有人怀疑古代所说的稷是粟，孰是孰非，农史界未有定论。

对于这两种粮食名称，《本草纲目》均有解释。关于黍，李时珍说："按许慎说文云：黍可为酒，从禾入水为意也。魏子才六书精蕴云：禾下从氽，像细粒散垂之形。氾胜之云：黍者暑也。待暑而生，暑后乃成也。诗云：诞降嘉种，维秬维秠，维穈维芑。"关于稷，李时珍说："稷从禾从畟，畟音即，谐声也。又进力治稼也。诗云：'畟畟良耜'是矣。种稷者必畟畟进力也。南人承北音，呼稷为穄，谓其米可供祭也。礼记：祭宗庙稷曰明粢。尔雅云：粢，稷也。"并指出："黏者为黍，不黏者为稷。"

## 最早栽培地

黍属粮食作物，最早栽培地发现于中国。在以黄河中游为中心，西到新疆、东至黑龙江的新石器时代遗址中，曾发现多处黍的遗存。如甘肃秦安大地湾遗址发现有黍，经测定为公元前5200年的遗物。山东长岛县北庄遗址发现有黍壳标本，甘肃东乡马家窑遗址出土了迄今为止最完整的黍的植株、花序和种子，两处黍的标本距今均5 000年以上。到商周时期就有了关于黍的文字记载，有的是记载种黍的，有的是关于用黍酿酒的，有的是为黍的丰收祈求风调雨顺的。

孔疏注《诗经·大雅·生民》："黍、稷是民食之主。"黍、稷在周代文献中常常连用，仅在《诗经》中就有10多处，说明黍、稷在公元前11世纪至公元前6世纪是人们的重要主食。但细查先秦的文献资料，人们会发现黍和稷在社会上下层主食中所占的比重是不同的。因为黍比稷好吃，其亩产量只有稷的一半左右，故黍是王公贵族平常的主食之一，而平民百姓只能以稷为饭。这还

可以从《礼记·月令》中反映出来："天子乃以雏尝黍，羞以含桃，先荐寝庙。"当然，如果是丰收之年，平民百姓也是可以吃黍饭的。《诗经·周颂·良耜》载："其饷伊黍。"郑玄注："丰年之时，虽贱者犹食黍。"《诗经·小雅·甫田》也说："黍稷稻粱，农夫之庆。"鉴于此，黍为商周时期人们最主要的粮食，是毋庸置疑的。

到了西汉、北魏时期，《氾胜之书》《齐民要术》还专门记载了黍的栽培法，其重要性仅次于粟。但唐代以后，黍及稷在粮食中的地位大大下降，栽培面积愈来愈少，只有干旱和半干旱地区的居民才将其作为主粮食用。

## 分布和营养

黍属粮食作物，在中国分布比较普遍，主产区在内蒙古、甘肃、山西、陕西、宁夏和黑龙江等地的干旱和半干旱地区，种植面积有150万公顷左右。黍较其他谷物类作物抗旱和抗病虫害能力强，耐贫瘠土壤，因此黍能在年降水量少、旱情频繁的地区种植。黍的世界平均产量为每公顷750千克左右，低产的原因主要是耕作粗放，土地瘠薄，品种退化。有关研究认为，当半干旱地区年降水量达到350～400毫米时，在有机质含量为1%左右的瘠薄土壤上种植黍，施用少量的肥料，每公顷也能产黍2 250～3 000千克。

据抽样分析，黍同粟、麦、玉米一样，主要含有大量的淀粉。淀粉是由大量葡萄糖分子构成的**多糖**，主要存在于谷物、豆类、薯类及部分蔬果中。在人体内，淀粉最终被分解为葡萄糖而成为人体生长发育和活动所需要的主要能量来源。《中国农业百科全书：农作物卷》介绍黍的营养成分为，11.02%～15.59%的粗蛋白

质，2.8%～4.6%的粗脂肪，10%左右的膳食纤维，以及微量的矿物质和维生素。蛋氨酸、色氨酸、亮氨酸的含量较其他谷物类高，而赖氨酸的含量较其他谷物类低。所以黍可以做出许多营养丰富、美味可口的吃食来。但黍的糯性种也有一个弱点，即不容易消化，故肠胃有毛病的人最好是少吃或不吃。

## 入馔花样多

黍入馔花样繁多，最常见的是煮饭粥，糯性的黍以制糕点等民间小吃比较常见。黑龙江鄂伦春族人把黍米煮成的干饭叫“干盆”，其做法是将黍米先放在锅内煮一下，然后捞出，上笼蒸制而成；黍米煮成的粥则叫“苏木顺”。内蒙古达斡尔族人将黍米煮成粥饭的方法要复杂一些，一般是将带壳的黍放锅内煮熟，取出后放在火炕上烤干，碾成米，即成为颜色红黄的熟黍米，再做成干饭、稀粥或炒米等食用。山西的小枣软米，实际上是用上等的黍米和山西独有的小枣做成的，其做法是先用水浸泡黍米和小枣，然后一层米一层枣置于锅内蒸，熟后反复搅拌，使枣肉与黍米混合均匀。

在中国年节中，黍亦是重要的节日食品原料。《帝京景物略》道：“正月元旦……啖黍糕，曰‘年年高’。”过年吃年糕，是民间的一大食俗，北方多以黍米粉制作，南方多用糯米粉制作。因质地较黏，为求吉利，人们便将黏的年糕叫成“年年高（糕）”。五月端午吃的粽子，在战国时期，是一种以菰叶包黍米而呈牛角状的食物，当时称为“角黍”。东汉末年，据《风俗通义》所载，当时做粽子的黍米，要“以淳浓灰汁煮之，令烂熟”。至今在晋东南仍制作黍米粽子，即将黍米和大枣浸泡后，用苇叶做皮，包成锥体，用马莲草系扎，煮熟而食之。南方因黍米

稀罕，大多以糯米包制而成。重阳节吃糕，是民间的又一大食俗，在汉代称为“食蓬饵”。什么是“饵”呢？《玉烛宝典》记载：“食饵者，其时黍、秫并收。以因黏米嘉味，触类尝新，遂成积习。”

黍制作的小吃食品，各地各民族的风味大不一样。蒙古人以黍米为原料加工的炒米，无论大人小孩都爱吃。用黍米制作的麦芽糖、糖浆在北方许多地方都有售。东欧许多国家制作的黍米饼、黍米糕和黍米饼干等，早已进入了超市。此外，用黍酿造成的酒称为黍酒或稷酒，其味道和醇香的程度不亚于高粱酒和稻谷酒。

**小贴士**

多糖：多糖指多个单糖组成的聚合糖高分子碳水化合物，一般无甜味，不能直接溶于水，也不能形成结晶体。多糖进入人体内经多种消化酶的作用，水解为单糖后被肠胃消化吸收。重要的多糖有淀粉、糊精、糖原、果胶以及纤维素等。

# 薏 苡

薏苡，《神农本草经》称“解蠡（lí）”，《名医别录》称“起实”，《救荒本草》称“回回米”“西番蜀秫”，《图经本草》称“薏珠子”；民间亦有六谷子、草珠儿、菩提子、薏苡仁、薏药仁、药玉米、沟子米、薏米、苡实、药仁、米仁等称谓。若咬文嚼字，凡带“米”、带“仁”者，应是去掉薏苡颖壳的薏苡种仁。但现在，去不去掉颖壳，都统称为薏苡。

## 原 产 于 中 国

薏苡属禾本科一年生或多年生草本植物，喜欢温暖、多雨的环境，适于播种在肥沃、湿润及排水性好的沙质土壤上。也能在易旱、易涝的河谷、溪涧、山沟、水塘、荒野等地生长。其植株高大，茎秆丛生直立，叶线状披针形，开红白花。总状花序腋生，雌雄同株。雌小穗位于花序下部，为甲壳质的总苞所包；雄小穗着生于花序上部而伸出念珠状总苞外。颖果为椭圆形或长卵形，边沿有凹沟（穗沟）。米仁亦有凹沟，白色或黄白色，质地坚实，多为黏性，味甘淡或微甜。根据植株的高矮和总苞的色泽，薏苡有高秆白壳、高秆黑壳、高秆花壳、矮秆黄壳、矮秆黑壳、矮秆灰壳等数种。

许多文献记载，薏苡是东汉“伏波将军”马援从越南引进到中国的。虽经考证，也只能上溯到周代，距今约3 000年。但根据著名农业考古专家陈文华教授所著的《中国农业考古图录》，在河姆渡遗址中发现、出土过大量的薏苡种子，说明了薏苡在中国至少有6 000多年的种植史，证明了中国是薏苡的原产地之一。

## 南方为主产

薏苡主产于中国南方，以湖南、湖北、江苏、福建、安徽、四川、广西、贵州等地种植较多。越南、泰国、日本、印度等国也有出产。供香港、澳门、台湾居民食用的薏米，大多是从中国大陆和泰国进口的。

薏苡以脱去颖壳的米仁供食用或作为商品米。一般每100千克薏苡谷果，加工出50～60千克米仁。在商品检验过程中，以色泽白净，身骨干燥，颗粒粗壮饱满，无坏粒、杂质和僵粒，碎粒不超过5%，粉屑不超过2%的为一等品；身骨干燥，色白略萎，部分外壳未碾净，无僵粒、杂质，碎粒不超过10%，粉屑不超过3%的为二等品；次于上述品质，定为三等品。

有名的薏苡有产于湖南隆回、城步一带的宝庆薏米，产于贵州镇宁、安顺、长顺、惠水、普定一带的贵州薏米，产于福建浦城、南平、邵武、建阳、福州、福安、厦门、龙岩、漳州、莆田、泉州一带的福建薏米，产于广西桂林、昭平、荔浦、玉林、临桂、百色、恭城一带的广西薏米，产于湖北巴东、恩施一带的巴东薏米。

## 谷物类之王

薏米的营养价值在谷物中名列榜首，故有“谷物类之王”“世界禾本科植物之王”的美誉。有报道说，每100克薏米含蛋白质13.7克，脂肪5.4克，碳水化合物64.9克，钙72毫克，磷242毫克，铁5.8毫克，维生素$B_1$ 0.41毫克，维生素$B_2$ 0.16毫克，烟酸2.3毫克，热量1 519千焦。食用薏米时，如果配伍花生、玉米、赤豆、绿豆、小米、大米等食材一起烹制，更能增加其滋补效果。

薏米的食用方法，除了入药外，主要是用来熬粥，也有用来煮饭、煎汤的。单用薏米做粥、饭、汤的少，大多同糯米、粳米、小米、菱角米、红枣、百合、赤豆、绿豆、莲子、芡实、葡萄干、桂圆、核桃、松子、白果等搭配，或一两种食材在一起，或多种食材在一起熬粥、煮饭及煎汤，甜、咸随人所意。如“薏米山药粥”“薏米绿豆粥”“薏米莲子粥”“薏米杏仁粥”“薏米山楂粥”“薏米冬瓜汤”“薏米百合汤”“薏米红枣羹”等。

市场上畅销的罐装八宝粥系列方便食品，也是少不了要放薏米的。家庭制作八宝粥，常以糯米（粳米）、薏米为主料，另加莲子、花生、扁豆等果实和杂粮相配成的8种食材烹制而成。超市里有配制好的八宝米，买回来即可烹制。但也有的多于8种或少于8种食材的。人们一向好“八”“八宝”之意，是因“八”与“发”音近，即发财也。《食经》写道，用1/3的薏米、2/3的糯米，另加适量的红枣、桂圆煮饭，吃来格外香甜，令人大快朵颐。

宋代著名诗人陆游写过一首《薏苡》诗：

初游唐安饭薏米，炊成不减雕胡美。

大如芡实白如玉，滑欲流匙香满屋。

读来如同尝到了薏米粥饭——诱人食欲，也诱人心绪。

## 良药不苦口

中国有一句古话：“良药苦口利于病。”作为良药的薏苡仁（中药专称），非但不苦口，反而香甘利口，美不胜言。这从前面的叙述就能看得出来。然而，薏米虽然是粮食，但更多的是作药用和食补用的。

中医学认为，薏苡仁味甘，微寒，有利水渗湿、健脾除痹、清热排脓等功效；同其他药物配伍，适用于治疗肺脓肿、阑尾炎、水肿、脚气、胃癌、绒毛膜上皮癌诸症。

薏苡仁滋补与治病的功效，在于它含有超越谷类作物的营养成分和医药成分。营养成分在前文中已经介绍；医药成分有薏苡仁酯、薏苡仁素、薏苡仁油、**谷甾醇**（zāi chún）中的β–谷甾醇和γ–谷甾醇、**生物碱**等。尤其是薏苡仁酯，能抑制艾氏腹水癌细胞增殖；薏苡仁素能解热祛暑，镇痛消炎；薏苡仁油能使肺血管显著扩张，减少肌肉及末梢神经的挛缩及麻痹。

**小贴士**

**谷甾醇：**谷甾醇广泛分布在薏苡、水稻、小麦等禾谷类种子中，是β-谷甾醇与某些饱和甾醇的混合物，为白色鳞片状，无臭、无味，不溶于水。所提取的β-谷甾醇和γ-谷甾醇，有降低胆固醇、增加毛细血管循环、抗炎消肿、促进伤口愈合等作用。对治疗溃疡、皮肤癌、宫颈癌、冠心病等有明显的效果。

**生物碱：**生物碱是存在于自然界（主要为植物，但有的也存在于动物）中的一类含氮的碱性有机化合物，有似碱的性质，所以过去又称为赝碱。大多数有复杂的环状结构，氮素多包含在环内，有显著的生物活性，是中草药中重要的有效成分之一。

# 大有发展前途的籽粒苋

相信人们都吃过苋菜，但属苋科粮食、饲料、蔬菜兼用作物的籽粒苋，未必人人都吃过或见过。这也难怪，因为籽粒苋引进中国的时间不太久，且大都产于边远贫困山区，农牧民自产自销，或直接送到食品加工厂，在市场上很少能买到。

## 古老的粮食

籽粒苋又名粒用苋，俗称西黏谷、西番谷、千穗谷和玉芝麻。早在六七千年以前就已有种植，曾是中、南美洲印第安人的主要粮食之一。16世纪西班牙殖民主义者入侵中、南美洲之后，认为

食用籽粒苋不雅观、不吉利、不安全，于是下令禁止种植籽粒苋，使成千上万亩苋地遭到了践踏，取而代之的是种植欧洲农作物。至今只有秘鲁、墨西哥、厄瓜多尔、玻利维亚等地，仍有小面积的种植。籽粒苋亦曾广泛分布在亚洲和非洲许多地区，目前亚洲的印度、尼泊尔及东非的埃塞俄比亚等国种植较广泛。1960年，美国外科医生洛希逊发现籽粒苋有很高的营养价值和食用价值，媒体对此做了宣传，使它身价倍增，一时社会上掀起了研究和种植籽粒苋热，籽粒苋也被誉为“人类最好的食粮”。

在1982年和以后的几年内，中国农科院作物所从美国茹代尔有机农业中心陆续引进籽粒苋品种，筛选、培育出了适合中国不同地区种植的多个优良品种，近些年，籽粒苋已在全国许多地方“安家落户”，成为中国的一种特产粮食饲料作物。据估计，目前籽粒苋的种植面积达到了数千万亩，其中江西省就有近100万亩。

## 营养极丰富

尽管如此，籽粒苋并未受到人们的青睐。原因是人们对其营养价值和食用方法知之甚少，再加上其籽粒小（千粒重仅0.5～1克），其貌不扬，很少有人正儿八经地把它当作粮食食用，大多用来作禽畜的饲料或将其茎叶做绿肥和喂鱼。

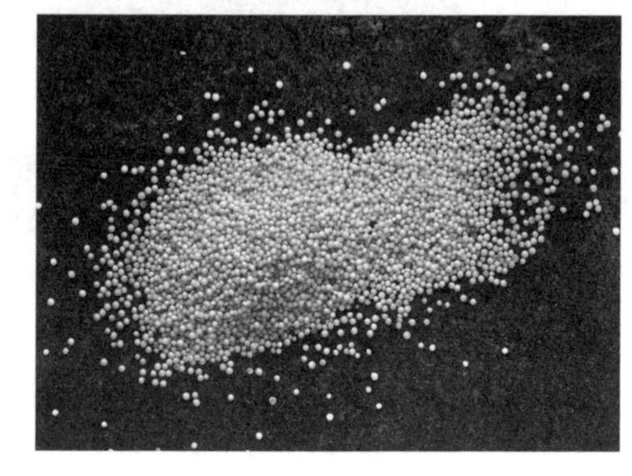

事实上，籽粒苋是一种耐干旱、耐盐碱、耐瘠薄、抗病虫害、适应性强

的高产作物。每亩可栽3 000～3 500株，每株结籽实10万～15万粒，每亩可产籽实300～500千克。

据四川省畜科所和农科院中心实验室化验分析，籽粒苋中含粗蛋白质16.5%～17.1%，赖氨酸0.5%～0.6%，粗脂肪6%～6.4%，**无氮浸出物**62%～62.68%，这几种主要营养成分都高于小麦、稻谷和玉米的含量；含钙0.7%～0.72%，磷0.72%～0.74%，粗纤维6.6%，粗灰分4.6%～4.9%，相当于豆类的含量。尤其是丰富的赖氨酸含量是许多谷物类粮食无法比拟的。这对于许多以单一的传统性农作物粮食为主食的居民来说，是十分有利的。由此可以推论，在以玉米为主食的北方地区，如果也大量地种植籽粒苋，将玉米与籽粒苋按一定的比例搭配着吃，不仅能解决玉米口感差的问题，而且也能满足身体对食物营养成分的需求。

## 食品添加剂

籽粒苋加工成的粉，被称为籽粒苋面，可像玉米面、荞麦面、小麦面一样烹制成多种食品，供作主粮或小吃，而且清香味美，耐饥耐饿，大人小孩都爱吃。然而，籽粒苋最有发展前途的是用来作食品添加剂。

在国外，将小麦面、籽粒苋面、荞麦面按85 ∶ 10 ∶ 5的比例制作面包，其营养成分比纯小麦面包的营养成分高，口感也超过了纯小麦面包；用小麦面与籽粒苋面按90 ∶ 10的比例制作饼干，其营养价值要比纯小麦面粉饼干高得多。河南省商丘市食品厂将籽粒苋、玉米和小麦等按一定比例混合后，制成的面食、糕点、小吃等30多种食品，既有籽粒苋的天然营养成分，又有传统食品的味道。经北京的食品科研单位检测，这些食品的蛋白质含量比普通食品的蛋白质含量高9%～15%，赖氨酸含量高

40%，接近世界卫生组织提出的人类饮食营养标准。浙江省嘉兴市儿童食品厂把籽粒苋粉添加到其他食品原料中，所加工出来的蛋糕、蛋卷、饼干、面包、月饼、饴糖等，均受到广大消费者的欢迎。

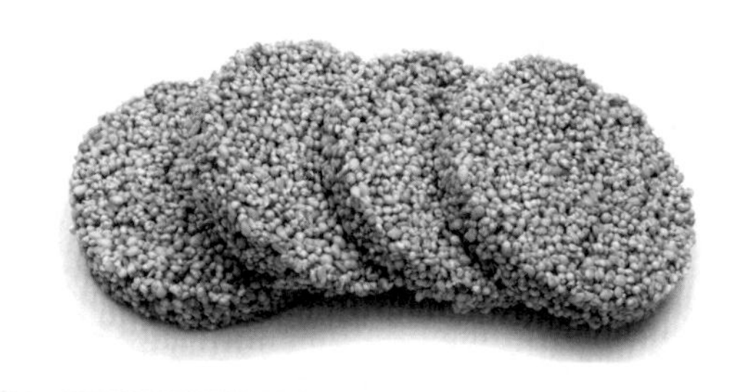

此外，籽粒苋还可以用来酿酒、加工酱油和制作饮料。如河南省民权酿酒厂用籽粒苋与大豆酿制成的苋酱油，色泽浓厚，味道鲜美，无须加入其他色素。

## 畜牧好饲料

籽粒苋的茎、叶是用来喂养禽畜的好饲料，易使它们长膘育肥，且出栏率高。由于籽粒苋的植株再生性强，种1次可连续收割3～4次，单产6 000～6 500千克，最低也有4 000～5 000千克，最高可达7 000～7 500千克，因此籽粒苋是青饲料中产量最高、营养丰富的品种。许多农牧民还把它当作蔬菜食用。其籽粒是配合饲料和浓缩饲料的重要原料。据相关介绍，饲养3头母猪，喂籽粒苋粉比喂玉米粉、豌豆粉要少耗精饲料35～40千克；且吃籽粒苋粉的母猪奶水足，仔猪断奶窝重可提高到25～30千克，确实了不得。

小贴士

**无氮浸出物：**无氮浸出物是指饲料有机物中除去脂肪和粗纤维的无氮物质，又称可溶性碳水化合物，包括单糖、双糖和淀粉，是碳水化合物中最易消化和营养价值较高的一类化合物，除主要供给动物所需热能外，多余的部分转化为体脂和糖原，储存在机体中以备需要时利用。

# 稗与食用稗

1959—1961年的三年困难时期，粮食短缺，许多人挖野菜、剥树皮、炒糠秕充饥，好一点的是到稻田里采稗（bài）吃。稗是什么东西？住在大城市的人也许见都没见过。然而有一种在旱地种植的与稗同科同属的食用稗，其味美的程度在杂粮中首屈一指，能够获得这种食物的人不妨吃一点。由于稗与食用稗在某些方面有点瓜葛，本文先介绍稗，然后再介绍食用稗。

## 稻田的大敌

稗俗写成“败”，是稻田中的一种杂草。这种植物的外形跟稻十分相似，与稻混生在一起，其适应环境和抗病虫害的能力比稻强，但它的食用价值和产量远远低于稻。稗同稻混在一起被加工成米，因稗的壳和米不容易分离，人误吃后容易得阑尾炎和肠胃病；且稗吸收稻田的肥力，侵占稻的“地盘”，繁殖能力强、生长快，所以农民一见到它，就将其拔除。

其实，稗无论怎样“鱼目混珠”，总逃不过农民的眼睛。它们

之间最显著的区别是：稗苗比稻苗要高些，大有“鹤立鸡群”之像；稗叶的绿色比稻叶要深些，叶脉是白色的，而稻叶的叶脉是绿色的；稗叶没有叶舌和叶耳，稻叶却有叶舌和叶耳；稗比稻早熟，籽粒像北方的谷子，白而略黄。根据以上几点，只要用没有稗的稻种育秧，稻田里的野稗长成苗后，接连拔除几次，就可以减少和防止稗的蔓延。更有一种除稗剂，喷洒在稗草上，2～3天后稗草便会死亡。

如上所述，稗是可以吃的，有的地方还把它当作粮食作物栽培。尤其是在大灾之年，别的作物可能减产或者颗粒不收，稗却能丰收。历代救荒典籍都有收录，《本草纲目》还将其收入《谷部》予以介绍，并指出：“一斗可得米三升。故曰：五谷不熟，不如稗。”稗除了不宜和稻混合加工成米之外，因其含淀粉量多，富有一定的营养，可以加工成稗粉，做成诸如粑、糕、糊、饼、饦等。

## 稗中的变种

不知何年何月，有人将稗培育成一种产量和食用价值高的食用稗。这种作物用育种专家的话说，属禾本科稗属中稗的一个变种，其遗传性状与稗有许多相近之处。植株高大，茎秆粗壮，稗穗呈高粱穗形，弯曲或直伸。在北方一般5—6月播种，9—10月收获。南方可随稻谷的播种时间播种，随稻谷的收获时间收获。清代植物学著作《植物名实图考》称之为“湖南稗子”，这大概是古代湖南种植稗较其他地方多的缘故。

据有关书籍记载，食用稗是一种古老的粮食作物，栽培历史相当悠久。现主要分布在亚洲、非洲、欧洲和世界较温暖的地区。中国北方一些地方虽有种植，但面积极少，分布也很零散，总产量不多。由于食用稗同稗一样具有适应性强、生命力旺盛、种植粗放等特点，大多在土地贫瘠、环境恶劣或不利于其他作物生长的地方旱地条播。

食用稗的籽粒呈椭圆形，外稃边缘内卷，紧抱同质的内稃，较之高粱而小，分为粳性和糯性两种。食用前需进行后熟处理，一般是将带穗的禾从秆基部割下后，扎成把，放10～20天。干燥后，再脱粒、晒干、贮藏。籽粒除去外壳后就是颖果，即为食用稗米，米表面光滑，白而洁净。与其他谷物类粮食相比，食用稗所含的淀粉是最精白的，且闪闪发光。稗米可以直接用来煮粥、饭吃，也可以磨成粉，做成饼类、糕类等。还可以用来做饴糖、酿酒和榨油。其营养价值除富含生命的燃料——碳水化合物之外，还富含蛋白质、脂肪和微量的B族维生素及多种矿物质等，可算得上营养丰富的粮食。

## 多种食用稗

据了解，全世界栽培作物共有1 200多种，在中国栽培的约400种，其中以粮食类栽培品种为最少。粮食的种类不外乎谷类、豆类和薯类3大类。细分起来，粮食类品种不过三四十种（不含变种），而许多国家又以水稻、小麦为其生存的主要粮食。鉴于此，发展多种粮食作物已是大势所趋，应该多种一些像食用稗这种比较罕见且又能粗放种植的粮食作物。中国幅员辽阔，生态环境复杂，还有很多具有潜力的荒地可以发掘，不妨在“北大荒”“南大荒”先种点食用稗，然后待土地转化为可供种植高产作物后，再种植水稻、小麦、玉米、谷子、高粱等。如果我们能像神话传说中的神农那样“始尝草别谷”，注重开发野生资源，积极创新，人类一定会吃上比现在品种更多的粮食的。

# 品味红薯

我爱红苕，小时候，曾充粮食。明代末，经由吕宋，输入中国。三七〇年一转瞬，十多亿担总产额。一季收，可抵半年粮，超黍稷。

原产地，南美北。输入者，华侨力。陈振龙，本是福建原籍。挟入藤篮试密航，归来闽海勤耕植。此功勋，当得比神农，人谁识？

这是郭沫若1963年为纪念红苕传入中国370周年而填赋的《满江红》。诗人以高昂的笔调，对红苕进行了考证和讴歌。

## 历史不平凡

红苕即红薯，又叫白薯、甘薯、番薯、金薯或地瓜。原产于巴西，15世纪末由哥伦布带到西班牙，再辗转到菲律宾（吕宋）。明代万历年间，福建长乐人陈振龙，到菲律宾经商，看到红薯产量高，能当粮食吃，便想带一些红薯回国种植。可是，当地的西班牙殖民统治者控制得很严，禁止外传。陈振龙冒着杀头的危险，与其子陈经纶暗地里找当地的农民学习种植红薯的技术，于

明万历二十一年（1593年）将薯种巧妙地藏在筐篋（qiè）中，航海7天7夜，秘密地带回福建。当年，陈经纶向福建巡抚金学曾递禀[①]，请求推广种植，但金学曾不予理睬。无奈，陈氏父子只好在福州近郊的纱帽池旁边空地上种植红薯。次年适逢大旱灾荒，金学曾得知陈氏父子种的红薯收效甚大，才下令推广种植红薯以度荒，此举拯救了许多人的生命。事后金学曾得到了奖赏，他大吹大擂，要地方官绅出面为他立"功德碑"，建"报功祠"，并将红薯取名为金薯，反而把陈振龙父子之功撇到一边。

红薯从福建推广到其他地方种植，仍然是陈氏子孙努力的结果。明末清初，陈振龙的孙子陈世元继承先人之志，约伴到山东的古镇试种红薯，取得了成功。后来他又在胶州、潍县等地传播红薯的种植经验，并且派他的大儿子和二儿子到河南的朱仙镇等地推广种植，又到北京郊区试种，收益都很好。特别是灾荒之年，更得到人们的重视。清政府见得其利，便在乾隆五十一年（1786年）下令各省种植，使红薯遍及全国。

## 食用方法多

红薯属旋花科一年生蔓性藤本植物，其薯肉是长在土里的肥硕块根，有圆形、椭圆形、纺锤形、长根形等；皮色有红、淡红、紫红、白、淡黄、褐黄等；肉色有白、淡黄、橘黄、紫红等。由于鲜薯块根内部有大量乳汁管，受伤时会分泌出带有黏性

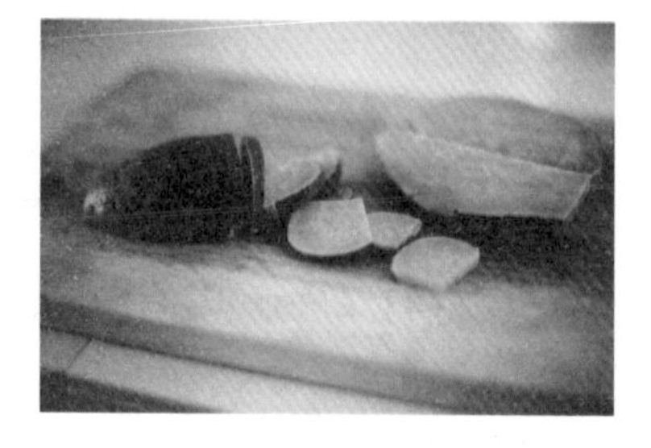

① 禀，旧时下级向上级报告的一种文件。

的白色汁液，粘在手上难以洗掉。一般亩产1 000～3 000千克，个重100～1 000克。

农民对红薯十分钟爱，素有“一年红薯半年粮”的赞誉。红薯收获以后，先晾晒3～5天，把红薯表面的水分晒干，然后放到阴凉干燥的土窖贮藏。红薯的吃法除了蒸、煮、烤外，还可切成生薯丝、生薯片、生薯丁晒干，或蒸熟以后做成薄饼晒干，供随时做饭吃或炒成干果子吃。也可像吃水果一样生吃。赣南一些小商贩挑着担子，一头放生薯，一头放泥瓦缸，缸内置木炭火，边烤红薯边叫卖，人们莫不以它香甜味美、价格便宜而喜爱。鄂东农村居民将红薯去皮、切块，放在大米里煮成饭或粥，或者切成丁同玉米粉做成粑粑，令人越吃越爱吃。上海的一些食品加工厂，将红薯制成红薯烤饼、红薯蛋糕等投放市场，深受消费者喜爱。

红薯还可以做出许多不同风味的菜肴。如湖北的“红苕丸子”，内实外酥，黄红油亮，甜咸适口，吃来令人开胃下饭。四川的“灯影苕片”，色泽金黄，酥脆可口，可谓麻辣甜香俱佳。陕西的“醋溜甘薯丝”，既酸辣脆嫩，又回味甜爽，是农村冬日的家常菜之一。安徽的“蜜汁红薯”，食之软中带韧，味甘鲜香，不失为甜菜中的佳品。江西、湖北、湖南等地用红薯藤的嫩尖炒素肉、煮豆腐、做汤等，则对调剂夏秋淡季蔬菜供应起到了一定的作用。

## 深度加工广

红薯的深度加工利用也是很广的，它可以制成淀粉、粉条、饴糖、酒、醋、果酱和果酸等。在安徽、河南、河北、湖北的广大红薯产区，一向就有将红薯加工成粉条、粉皮、粉丝的传统。近些年人们采用先进的抗褐（黑）新工艺，使加工出来的红薯食

品色泽更洁白、口味更纯正，从而畅销国内外。西方一些国家在利用红薯方面，先是将红薯加工成全粉，然后以全粉为原料做成糕点、面包、饮料及其他食品的添加剂。北京市农林科学院的科技人员，还成功研制了红薯系列新产品，如红薯“水晶蝶花”糕点、营养薯羹、果味薯酱、枸杞薯汁、红薯冰激凌、薯蜜等，这些食品不仅保留了红薯的营养物质，还色香味形皆备。许多地方还将红薯加工成具有天然风味、橘汁风味、糖果风味等不同品种的薯脯，使红薯身价倍增。

## 营养最均衡

红薯含有大量的淀粉，一般占鲜重的15%～20%；其他营养成分包括糖分、蛋白质、纤维素、脂肪、维生素以及多种矿物质，被营养学家称为“营养最均衡的食品”。特别是红薯能供给人体大量的黏液蛋白——这是一种不能从鸡、鸭、鱼、肉中获取的多糖和蛋白质的混合物。它能保持血管壁的弹性，防止动脉粥样硬化和减少高血压的发病率，保持消化道、呼吸道和关节腔的

滑润，使其免受机械损伤，并能减少皮下脂肪沉淀，避免出现肥胖病。

红薯里的淀粉和纤维素，能在肠内大量吸收水分，增加粪便体积，不仅能预防便秘，减少肠癌发生，还有助于防止血液中胆固醇的形成，预防冠心病的发生。红薯还是一种生理碱性食品，能与肉、蛋、鱼等所产生的酸性物质中和，调节人体的酸碱平衡，对维护人体健康大有益处。鉴于此，中国营养学会提出将红薯作为平衡膳食的保健食品。

## 科学吃红薯

虽然中国营养学会提出将红薯作为平衡膳食的保健食品，但少数人吃红薯以后，出现肚胀、吐酸水、放屁等情况。出现这种情况的原因有：首先，红薯里含有一种叫**气化酶**的物质，气化酶在人的胃、肠道里产生大量的二氧化碳气体，使人感到肚胀，甚至打嗝、放屁。其次，红薯含糖量高，多食后会在胃里产生大量的盐酸，胃受到大量酸液的刺激，必然加强收缩，使胃里的酸水倒流入食管而引起吐酸水。最后，糖分多了，身体一时吸收不了，剩余的糖分就在肠道中发酵，也会使肚子不舒服。

不过，只要科学食用红薯，以上问题都是可以解决的。总结民间经验，一是要蒸熟煮透；二是不可吃得过多过饱；三是要同米、面或其他杂粮搭配着吃；四是尽量经过细加工后再吃。只有如此，才能将大部分的气化酶破坏掉，减少二氧化碳气体的产生以及糖分的吸收，从而减轻食用者由于胃酸分泌过多引起的不适。

**小贴士**

**气化酶：**气化酶包含在一部分食物中，在肠道内能产生二氧化碳气体，并随肠蠕动向下，由肛门排出。如果一次摄入含气化酶的食物过多，气化酶就会在体内聚集，通过其他途径泄露，引起腹胀、打嗝、放屁等不适症状。

# 马铃薯密码

2016年2月23日，农业部正式发布《关于推进马铃薯产业开发的指导意见》，将马铃薯作为主粮产品进行产业化开发。到2020年，我国马铃薯种植面积扩大到1亿亩以上，适宜主食加工的品种种植比例达到30%，主食消费占马铃薯总消费量的30%。

## 故乡南美洲

马铃薯的故乡在南美洲。根据考古学家在秘鲁印第安人古墓里发现的大量嵌有马铃薯图案的各种陶器殉葬品，和马铃薯植株的残枝分析，当地种植马铃薯的历史至少可追溯到公元前2800—前2000年。1536年，一支西班牙探险队在秘鲁发现印第安人吃一种名叫“巴巴司”的植物块茎，便用麻袋装了一些带回国，从而使马铃薯在欧洲传播开来。不过很长一段时间，欧洲人并不知道如何吃马铃薯。有的人像吃苹果一样生吃马铃薯，但味道不佳，难以下咽；有的人吃了发芽的马铃薯，身上出现中毒症状，于是便大骂马铃薯是“妖魔苹果”，赶紧将其连根铲除，放火烧掉。谁知这一烧，把一些马铃薯烧熟了，散发出诱人的香味，一尝其味道，比面包还香，于是欧洲人将马铃薯奉为“第二面包”。

1778—1779年普鲁士和澳大利亚还发生过“马铃薯战争”，战争相持数月，不分胜负，直到双方将占领区域内的马铃薯全部

吃光了，才各自收兵。1785年，法国有位法尔孟契那的药剂师，将马铃薯做的菜献给国王路易十六，国王尝了尝，非常喜欢，于是马铃薯的身价立刻上升百倍。国王还让皇后在国宴上把马铃薯的花插在头上作装饰品。上行下效，不久满朝文武大臣的上衣也都插着马铃薯花，显示其文雅高贵。这样一来，马铃薯在法国得到广泛栽种，马铃薯花也成了当时最时髦、最荣誉、最高尚的标志。

## 传入中国晚

马铃薯传入中国较晚，只有一两百年的历史。最先从南洋入境，在台湾试种，随后传到广东、福建沿海诸省；另有从俄国、“丝绸之路”、印度等各个途径传到中国的。1848年吴其濬的《植物名实图考》始对马铃薯作了描述，稍后的《布种洋芋方法》又详尽地介绍了马铃薯的栽培和贮藏技术。由于马铃薯产量高，适应性强，耐贮藏、运输，目前全国各地均有广泛的栽培，尤以西南、西北、内蒙古和东北地区产量最丰。

根据马铃薯的来源、性状和形态，人们给马铃薯起了许多有趣的名字，如意大利人叫地豆，法国人叫地苹果，德国人叫地梨，美国人叫爱尔兰豆薯，俄国人叫荷兰薯；中国云南、贵州一带称洋芋或洋山芋，广西叫番鬼慈薯，山西叫山药蛋，东北、中南各省多称土豆。鉴于名字的混乱，植物学家才给它起了个世界通用的学名——马铃薯。

## 密切于生活

马铃薯从发现至今已成为一些地区和民族的主要食物，如果收成不好，就会给他们带来灾难。例如欧洲的爱尔兰人，过去好长一段时间以马铃薯为主食，成年人平均每天要吃1～2千克。1847年，爱尔兰因马铃薯受寒发生了大饥荒，大约有100万人活活饿死，200万人逃难到海外。所以，在爱尔兰人心中，马铃薯的影响力是其他食物无法比拟的，他们有句谚语说："世界上只有两样东西不得玩笑，一是婚姻，二是马铃薯。"

然而在过去数百年内，马铃薯也曾多次受到怀疑甚至诋毁。当马铃薯最初被介绍到欧洲大陆的时候，苏格兰人根本不予理睬，他们认为《圣经》上没有记载马铃薯是食品，并把当时的麻风病、佝偻病、结核病等归咎于食用马铃薯的结果。中国种植马铃薯之初，就把它视为一种度荒作物，而栽种这种作物也多是在大灾荒之后或小麦、稻谷等粮食作物产量不高的地方。1765年法国科学院编纂的《大百科全书》还把马铃薯说成是"粗糙的食物""只配给下等人充饥"。现如今，世界各国十分重视马铃薯的生产，将马铃薯作为主粮食用，成为稻米、小麦、玉米之外的又一主粮作物。

## 营养价值高

事实上，马铃薯的营养价值是相当高的。据分析，每100克马铃薯含蛋白质2.3克，脂肪0.1克，碳水化合物16.6克，钙11毫克，铁1.2毫克，钾502毫克，磷64毫克，维生素$B_1$ 0.1毫克，烟酸0.4毫克，维生素C 16毫克。除此之外，马铃薯块茎中还含有禾谷类粮食所没有的胡萝卜素和抗坏血酸。从营养角度看，它比大米、面粉具有更多的优点，能供给人体大量的热量，因此，马铃薯被国内外营养学家誉为“十全十美的食物”。美国农业研究机构的试验表明：“每餐只吃全脂牛奶和马铃薯，就可以得到人体所需要的一切食物元素。”早期的航海家们，常吃马铃薯来预防坏血病。

现代营养学家认为，马铃薯是一种极好的保健食品。由于马铃薯含蛋白质量低、含钾量高，对需低蛋白饮食的肾病患者，马铃薯不仅利尿，且可中和体内过多的酸性废物并使其排出体外。

## 亦粮又亦菜

马铃薯的吃法多种多样，既可作粮，又可作菜。据统计，用马铃薯可以做出400多种主副食品。在法国的烹饪学校里，学生们在毕业之前，必须学会用马铃薯制作100种不同的菜才能领到毕业证书。荷兰人把马铃薯、胡萝卜、洋葱混合烹调而成的菜叫“国菜”，每年10月3日这一天，全国上上下下都要

吃这种别具风味的“国菜”。尽管苏格兰人曾视马铃薯为禁忌食物，但今天的俄罗斯家庭几乎每一餐都有马铃薯，以至在高级宴席上也少不了马铃薯。我国将马铃薯作主食吃的不多，主要当蔬菜吃，一般最常吃的菜有马铃薯炖肉、马铃薯炒肉片、素炒马铃薯丝、拔丝马铃薯、葱油马铃薯泥等。

由于马铃薯可以加工成薯条、薯丝、薯片、薯泥、果脯等方便食品，目前欧美一些国家正在越来越广泛地发展马铃薯加工利用产业，直接食用鲜薯的方式逐渐减少。在德国快餐食品中，香肠、面包、炸马铃薯条最受欢迎。美国常用马铃薯制作面包、饼干和沙拉，在所有的快餐中马铃薯片竟占40%。法国快餐离不开夹心面包、肉饼和油炸马铃薯条。随着我国对马铃薯加工利用的重视和发展，在将马铃薯加工成淀粉、精粉、全粉、粉丝和酒等的同时，绝大多数食品加工厂也在走国外加工马铃薯的道路，致力生产出更多更好而又有利于人体健康的马铃薯方便食品。

## 发芽不能吃

应该指出的是，马铃薯中含有一种叫**龙葵素**的有毒物质。在正常情况下，马铃薯的龙葵素含量极低，不仅不会危害人体，反而能缓解痉挛，对肠胃不好的人有一定的食疗作用。一旦马铃薯发芽或经光照变成绿色，龙葵素的含量就会大量增加，主要集中在芽、芽根和绿色的表皮内。

没发芽马铃薯龙葵素的含量每100克不超过3～5毫克，而发芽马铃薯龙葵素的含量每100克可增加到500毫克左右，足以致人中毒。其症状轻则头痛、口周麻木、恶心、呕吐、腹泻；重则发生呼吸中枢麻痹、抽搐、水肿、昏迷甚至危及生命。所以，发

芽的马铃薯是不能吃的。

**小贴士**

**龙葵素：**龙葵素又称茄碱、马铃薯毒素，是一种有毒的糖苷生物碱，具有溶解血球和刺激黏膜的作用。除了马铃薯含有龙葵素外，茄子和未成熟的西红柿也含有龙葵素。摄入少量对人体无害，如果一次吃进200毫克龙葵素即可发生中毒现象；吃进300～400毫克或更多的龙葵素则会中毒加重乃至死亡。

# 科学吃木薯

人类的生存离不开粮食。什么是粮食?《辞海》将粮食定义为供食用的薯类、豆类和谷物的统称。那么,木薯是不是粮食呢?回答是肯定的。这种在少数国家或地区作主粮吃的食物,是世界三大薯类之一。世界三大薯类即马铃薯、红薯、木薯。

## 原产南美洲

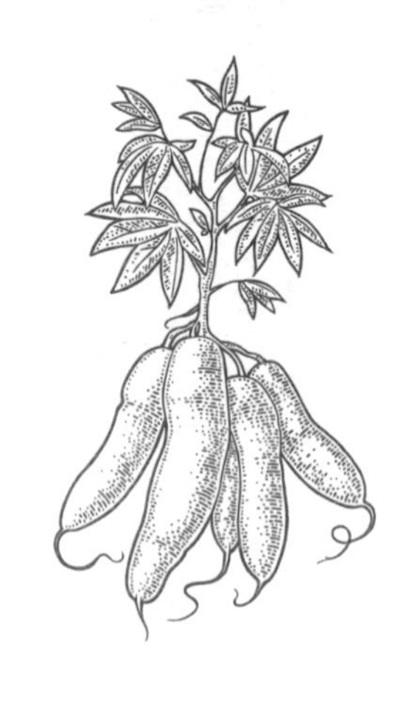

木薯又名树薯、大薯、木番薯,系大戟科多年生亚灌木木薯树所长的块根。这种植物一般有1～3米高,生长得好的植株可高达5米左右。原产在南美洲,栽培历史已有4 000多年。要求较高的温度,无论在沙土、黏土、新垦的瘠地或是肥沃的土壤上都能生长结薯,且不需要太多的水分。每公顷木薯的产量一般达20～30吨,最高的可达60～70吨。

中国于19世纪20年代引种栽培木薯,多分布在秦岭淮河一线以南的长江流域,广西和广东的栽培面积最大,台湾和福建略次。

近二三十年来，江西、湖南、贵州、云南等地也在逐步扩大栽种面积。仅江西东乡及周边地区就形成了40万亩的新兴木薯产业，而且大有发展的趋势。深秋时节，如果你驱车驰骋在东乡产区宽阔的木薯带，一定会领略到那一望无际的木薯林宛若北方的青纱帐，又似南方的甘蔗林，煞是好看。

但是，中国木薯产业还处在发展阶段，多为零星种植，产量供不应求。木薯干原料和木薯淀粉主要从泰国、越南、柬埔寨等国进口，这使得我国成了世界第一大木薯进口国。

## 甜苦两大类

木薯属有100多个种，用于栽培的只有长块根的木薯1个种，别的均为野生种。其最大的食用价值是它的地下块根，一般可以长到0.4～1米，呈倒披针形至狭椭圆形，个重达数千克。根据块根氰苷含量的多少，木薯可分为甜、苦两大类。块根肉质部氰苷含量在5毫克/100克以下者为甜品种类；在5毫克/100克以上者为苦品种类。但氰苷含量并不是一成不变的，环境气候、生态条件和施肥种类、数量等的变化，均会使木薯氰苷的含量发生改变，乃至使甜品种类变成了苦品种类。

中国从1958年开始对木薯进行选育，经过多年的努力，已育成和推广了许多甜品种类木薯和苦品种类木薯，甜品种类木薯早熟、低毒，淀粉含量高；苦品种类木薯不仅淀粉含量高，而且块根长得大，产量高。当然，甜品种类有甜品种类的好处，苦品种类有苦品种类的优点。要保持恒定不变的甜、苦品种类，关键是要科学栽培，合理采挖。

## 食用和加工

木薯同其他薯类一样，含有丰富的营养物质。鲜薯含淀粉32%～35%，蛋白质1%～2%，脂肪0.3%～4.3%，纤维素1%～2%，维生素C 300毫克/100克左右；还含有少量的维生素A、维生素$B_1$、维生素$B_2$等。

其食用方法，在国外大都是去毒后，直接蒸煮吃，或制成各种风味小吃。如地处非洲西海岸的科特迪瓦人，就以其为主要食粮，他们把木薯捣碎煮熟做成“福富”（相当于中国的木薯泥），一日三餐食用。相传，一个叫阿肯族人的远祖，从加纳境内迁徙到科特迪瓦，途中因无食粮，饿得快要死去，首领波古王后在面临危难之时，用她的独生子来祭祀河神，始得木薯为粮，从而帮助族人渡过了难关。定居以后，阿肯族人为纪念先祖波古王后，并感谢救命的木薯，在每年8月的头一天，都要举行隆重的庆典活动。

由于木薯含水分多，一般在70%左右，具有水果的甜香味，产区常将木薯加工成酒，这种木薯酒还是许多民族的日用饮料。前些年，旅游卫视《世界真奇妙》节目的主持人李秀媛谈到在亚

马孙河采访时，当地部落以木薯酒热情地招待她。这种木薯酒是由部落中的女人，将木薯嚼碎后同唾液一起吐在木桶中，发酵加工成的。她当时一边看着女人们边嚼边吐，一边喝下那令人作呕的木薯酒。这得需要多大的勇气啊！同时说明世界上还有一些不发达的地区，仍然过着原始时代的生活。

木薯在中国，主要是用来加工成淀粉和作饲料用，作主粮的不多。其淀粉被人们称为“生粉”，它质地细白、干爽，有黏性，无毒，是烹饪时用来勾芡的好原料。木薯淀粉或木薯粗粉还可以制成酒精、味精、饼干、面包、粉丝、酱料、葡萄糖、果糖、麦芽糖、啤酒以及多种化工产品。

## 提防会中毒

木薯虽好，但含有一种毒素，即前面所说的氰苷。未经去毒的木薯，人吃后经过胃肠消化，氰苷会迅速转化为氢氰酸而进入血管，使组织细胞不能从血液中获得氧而造成细胞窒息，引起全身中毒。轻者多在吃木薯8～12小时发病，先出现胃肠道病症状，如恶心、呕吐、腹痛、腹泻，随后伴有头痛、头晕、嗜睡、烦躁不安、精神不振等；重者发病快，多在吃后1～6小时发病，除有上述中毒症状外，还有气短、发绀（gàn）、惊厥、昏迷、全身发冷等症状。如果处理不及时，就有致残或死亡的危险，也可导致孕妇流产。

预防木薯中毒，除选择毒性较低的甜类木薯之外，在食用前必须进行一系列的去毒处理。如将木薯去皮（因为皮的毒性占93.75%），切成斜片，水浸2～3天，每天换水1次，晒干后供食用；吃鲜木薯，只要把皮去掉，将薯肉切成块和片或预煮以后，放在清水中反复浸泡冲洗，使其所含的氰苷降至规定的食

用卫生标准以内；煮木薯时不要盖锅盖，以利于有毒的氰苷蒸发，然后捞出用水浸泡再进行蒸煮，方可食用。苦类木薯，由于含氰苷较高，一般不直接食用，多用来加工淀粉，因为在加工淀粉的过程中要经过多次去毒处理，处理后的淀粉可以放心大胆地食用。

**小贴士**

氰苷：氰苷是一种含氰基的苷类，在酶和酸的作用下释放出氢氰酸，具有较大的毒性。食物中苦木薯和苦杏仁的氰苷含量最高，李、桃、枇杷等植物的种仁中也含有氰苷，淡水鱼中草鱼、鲢鱼、鲤鱼等的胆汁也含有较多氰苷。中毒机制主要是氰化物进入机体后，阻碍细胞色素的氧化作用，使细胞不能呼吸，直至组织窒息死亡。

# 芋头小传

芋头，又名芋、芋艿、芋根、芋魁、毛芋、紫芋、土芝，为天南星科多年生宿根性草本植物芋头的地下球茎。李时珍在《本草纲目》中说："按徐铉注《说文》云：芋犹吁也。大叶实根，骇吁人也。吁音芋，疑怪貌。"因芋头的形状酷似蹲坐的老鹰，故芋头又被称为蹲鸱（chī）。其原产地在亚洲东南部热带地区，由于生长发育需要温和湿润的环境，所以中国南方种植普遍，北方种植较少。

## 种分三大类

芋头多作一年生作物栽培，用球茎繁殖。芋种播后，由顶芽萌发，长出楯状叶子，随着植株生长和养分的积累，叶柄基部的短缩茎逐步膨大成球茎，该球茎称为母芋或芋头。母芋长到一定程度，周身会长出许多腋芽，由这些腋芽膨大成的球茎，称为子芋；如此这般地一代代繁衍，子芋上再生出孙芋，条件适宜时还可继续生出曾孙芋、玄孙芋。

芋头可以旱地种植，也

可以水地种植。按其生长习性和生长发育特点，可分为三大类：一是大魁芋类，即以长母芋为主的大型芋种，一般一个母芋有1.5～2千克，小的每个也有0.5～1千克。广东、福建、江苏等地产的竹节芋、槟榔芋、糯米芋、龙头芋、红芋、黄芋等均属此类。二是多子芋类，即以长子芋为主的小型芋种，每棵芋头上长的芋子、芋孙、芋曾孙等有一二十个。种植普遍的品种有浙江的白梗芋、黄粉芋，湖北的乌脚芋、红顶芋，河南的早生白芋，湖南的乌柿芋等。三是多头芋类，球茎分蘖群生，母芋和子芋的大小没有明显的区别，并密结成一大块。如广西的狗爪芋、台湾的狗蹄芋、四川的莲花芋、浙江的切芋等，但因产量低，种植不多。

## 中秋正其时

芋头的成熟期因品种不同而有先后，早熟的可在8月采收，晚熟的在11月采收，一般在9、10月采收。中秋佳节，阖家欢聚，我国许多地方有吃芋头的习惯，其寓意在于：芋头多子，结实成串，象征子孙兴旺，儿女满堂；芋头是圆的，一家人在一起吃芋头，有全家团圆之意；且芋头的“芋”和“遇”的字音相同，加上它正好是在中秋节前后收获，人们认为过节在家中吃芋头，能得到好兆头，以后会处处遇到好人好事。

有故事说，南朝时渔阳人鲜于文宗7岁那年，他的父亲在种芋头时不幸去世。在第二年芋头收获季节，文宗对着芋头哭泣，倾诉对亡父的哀思。以后，年年如此，终生不变。这在今天看来，文宗的孝思似乎有些夸大，但其所体现的爱亲、敬亲的情怀，正是我们民族传统美德的组成部分。

## 救饥度荒年

芋头富含淀粉，既可作粮充饥，又可作菜食用。由于它具有一般农作物所没有的特点——蝗虫不食，因此在古时被作为度荒作物而广为种植。《史记·货殖列传》记载，秦迁移部分中原富豪入蜀，被迁的卓氏自愿要求到岷山下居住，理由是："吾闻岷山之下，沃野，下有蹲鸱，至死不饥。"颜师古注："蹲鸱，谓芋也，其根可食，以充粮，故无饥年。"宋代陆游的"陆生昼卧腹便便，叹息何时食万钱？莫诮蹲鸱少风味，赖渠撑拄过凶年"和朱熹的"沃野无凶年，正得蹲鸱力。区种万叶青，深煨奉朝食"等诗句，也说明了芋头能度荒充饥。《本草纲目》则记载："彼人种以当粮食而度饥年。"

在灾荒之年，芋头曾拯救过无数垂危的生灵。晋代常璩（qú）的《华阳国志》卷九载："既克成都，众皆饥饿，骧乃将民入郪、五城食谷、芋。"卷十一又载："除安汉令。蜀亡，去官。时巴土饥荒，所在无谷，送吏行乏，辄取道侧民芋。"《玉堂闲话》甚至记载："阁皂山一寺僧，甚专力种芋，岁收极多，杵之如泥，造墼为墙，后遇大饥，独此寺四十余僧食芋墼以度凶年。"1959—1961年的三年困难时期，许多地方以芋头为粮度过了饥荒，这是有目共睹的事情。由此可见，芋头古往今来，确实起到了救饥度荒的作用。诚如明代屠本畯诗云："歉岁粒米无一收，下有蹲鸱馁不忧。"又有民谚云："蹲鸱蹲鸱！救饥救饥！"

## 多种食用法

芋头适宜多种食用方法，煨、煮、蒸、烧、烤无有不可，荤、

素、甜、咸无不相宜。无论作粮还是作菜，都广受人们欢迎。尤其是它那质地嫩滑、清香软糯的特色，是其他淀粉类食品所没有的。埃及、菲律宾和中国台湾等许多地方的居民，就是拿芋头当饭吃的，并把它加工成淀粉，制作出芋包、芋饼、芋糕、芋条等多种方便食品。

古人特别喜欢吃煨芋，宋代陆游有“薪火正红煨芋美”的诗句。清代李调元也有诗赞吃煨芋：“携锄斫待客，拨火煨相馈。气作龙涎香，色过牛乳腻。”还有这么一个有趣的故事：唐代高僧明瓒禅师喜吃煨芋，一天晚上，他正津津有味地在吃又香又甜的煨芋时，宰相李泌来衡岳寺拜访他，他拒绝接见，赋诗道：“尚无情绪收寒涕，那得工夫伴俗人。”吃煨芋吃得连鼻涕都顾不得擦，哪还有闲工夫去应酬官宦之人？这真是吃到了入神入味之境界。

在芋头食谱中，最知名的莫过于福州的“槟榔芋泥”。它是福州人特别喜吃的特色小吃，逢年过节，宴请客人，这道甜食是不可缺少的。据具有百年历史、以做芋泥闻名的仙宾楼第三代传人介绍，“槟榔芋泥”的制法是：挑选大个的槟榔芋，去皮洗净，切成鸽子蛋大的碎块，将芋块放在蒸笼里蒸熟，然后放在绞肉机里绞拌成泥状，将芋泥、食油、白糖按5：1：1比例混合调匀，然后盛入器皿放在蒸笼里再蒸10～15分钟，使油、糖与芋泥充分融合，出笼时撒上一层熟芝麻，即可上桌食用。

“葱油芋艿”是江南一带的地方风味名点。其烹制方法是：先将芋头洗净，放入锅内加水煮熟，剥去外皮，切成滚刀块；再把

葱放入热锅熟油中，炸出香味来，然后把芋头放在锅中与葱一起炒，加水及调料，待烧到汤汁半干时，加入适量的葱后即可起锅食用。此外，将芋头煮熟后去皮蘸糖吃，生芋头切碎和米煮粥饭吃，或做红烧肉、粉蒸肉、扣肉的垫底等也为芋头的常见做法。单是江西贵溪那个地方的芋头美食，就有“芋头烧肉”“芋头炖排骨”“芋头汤”“烤芋片”“炸芋头丸子”等一二十种，其吃法的广泛程度，可见一斑。

## 一味好中药

芋头也是一味好中药，历代药典都有收录。按照《本草纲目》记载，芋头气味辛、平、滑，有小毒。具有疗烦热、止渴、令人肥白、开胃通肠、调中补虚等多种功效。沈括的《梦溪笔谈》记载着这样一件事：“处士刘易，隐居王屋山，见一蜘蛛为蜂所螫，坠地，腹鼓欲裂，徐行入草，啮破芋梗，以疮就啮处磨之，良久腹消如故。自后用治蜂螫有验。”这说明芋头的梗叶可以解毒。

近代临床证实，芋头可治瘰疬[①]、肿毒、疔疮、烧烫伤、外伤出血、跌打损伤诸症。新鲜芋头捣成泥外敷，还能治疗皮肤痈疖（yōng jiē）、蛇虫伤、无名肿毒和烫伤。

中医提醒，芋头含淀粉较多，一次不能吃得过量，否则难以消化。由于生芋头的黏液中含有**皂角苷**，能刺激皮肤发痒，所以削皮切片时不要把黏液弄到手上或其他皮肤处。如果加工芋头时手发痒，可在火上烤一烤或用生姜汁轻轻擦拭，或放在热水中泡一泡，即可缓解。

---

① 瘰疬，luǒ lì，生于颈部的一种感染性外科疾病。

**小贴士**

**皂角苷：**皂角苷又叫碱皂体，简称皂素，是一种能形成胶体溶液或水溶液并能形成肥皂状泡沫的植物糖苷统称。多为白色或乳白色无定形粉末，少数为晶体，味苦而辛辣，对黏膜有刺激性，在薯蓣科、百合科、五加科、远志科、豆科等植物中分布较广，所提取的皂角苷，在化学工业中具有广泛的应用。

# 芝麻开门

寓言故事里，当阿里巴巴念“芝麻开门”这句咒语时，在他眼前打开了一扇神秘的洞穴大门，洞里面堆满了无数奇珍异宝。在现实生活中，如果我们这些平凡人也试着说这样一句魔力之语：“芝麻开门”，阿里巴巴一定不会想到，小小的芝麻会给人们带来比金银财宝还要宝贵的美食。

## 名称有许多

芝麻在中国古代文献中有许多不同的名称，如《本草经》中的“巨胜”、《氾胜之书》中的“胡麻”、《吴普本草》中的“方茎”、《名医别录》中的“狗虱”、《食疗本草》中的“油麻”、《本草衍义》中的“脂麻”等，均指的是芝麻。李时珍在《本草纲目》中释名说：“巨胜即胡麻之角巨如方胜者，非二物也。方茎以茎名，狗虱以形名，油麻、脂麻谓其多脂油也。”

对胡麻的“胡”字，则有两种解释：一是古代汉人称北方异域民族为“胡”，因芝麻是西汉张骞从大宛引入中国的，故称为胡麻；二是古“胡”字本义表示“礼器”“重大”和姓氏等义，称谓胡麻是因为它在古代食物中占有重要地位。又杜宝《大业拾遗记》云：“隋大业四年，改胡麻曰交麻。”所以芝麻又有交麻之称。民间还有称黑芝麻为黑脂麻、乌麻、乌麻子，白芝麻为白脂麻、白

麻、白麻子的。由于芝麻是一种油料作物，称谓芝麻，无疑是脂麻的谐音。

## 原产作物说

芝麻究竟是中国的原产作物还是由西汉张骞从大宛引种而来的呢？历来有过许多争议。

“原产作物说”认为，早在3 000多年以前，中国就有关于芝麻的文献资料：《诗经·七月》中有“禾麻菽麦”，《楚辞·九歌·大司令》中有“折疏麻兮瑶华”。这里的“麻”和“疏麻”应指的是芝麻，而“瑶华”则是指芝麻那洁白如玉的唇形筒状花。《礼记·月令》记载麻与麦、菽、稷、黍并列为天子四季常吃的五谷。又据《尔雅谷名考》的作者高润生考证，“胡麻”之名，始见于甘德、石申所撰的《星经》，而这两位作者生卒于战国时期。大量文献证明，早在汉代之前，芝麻就是中国的一种重要食物。

再从出土实物来看，1956年2月25日，考古工作者在清理浙江省湖州市吴兴区钱山漾新石器时代遗址第17号探方的第14号竹编背泥土时，发现了芝麻，种皮还相当新鲜。后来，又在杭州水田畈新石器时代遗址发现了古芝麻。这两处遗址距今有4 000多年，即比张骞出使西域早2 000多年。这充分说明中国很早就有了芝麻。

## 张骞引种说

“张骞引种说”以北宋学者沈括为代表，他在《梦溪笔谈》中指出：“张骞始自大宛得油麻之种，亦谓之麻，故以‘胡麻’别之，谓汉麻为‘大麻’也。”在这之前的南朝时期，医药学家陶弘景在《本草经集注》中记载：“八谷之中，惟此为良……本生大

宛，故名胡麻。”北魏农学家贾思勰的《齐民要术》记载：“《汉书》：张骞外国得胡麻。”明代药学家李时珍在《本草纲目》“胡麻”条下，还引用上述沈括和陶弘景的话，以资佐证。近代许多学者亦沿用“张骞引种说”。

至于先秦文献中的“麻”，实属大麻。《辞源》载：“大麻，一名火麻。旧属谷物类植物，今属桑科。”其作物有雌、雄两种。雌者结子，名苴麻；雄者不结子，名牡麻。先秦食用的是苴麻子。《诗经·豳风·七月》云：“七月食瓜，八月断壶，九月叔苴。”《诗经选译》注：“叔：拾取。苴：麻子，可食。”在食物资源匮乏的古代，苴麻生长范围广泛，结子较多，富含较好的营养物质，能充饥果腹，自然就成了人们的主食之一。随着农业生产的发展，其他谷物开始出现，人类食物资源便越来越丰富，麻也就逐渐退出了主要食物的行列。

## 开花节节高

芝麻系胡麻科胡麻属一年生草本植物。其茎秆直立，呈方形，一般高100～150厘米，也有的高达200厘米以上，矮的只有50～60厘米，有单秆型和分枝型两种。叶片形状不一，呈椭圆、卵圆、掌状、披针形多种，嫩时可作蔬菜。花期极长，达50～60天之久。一株芝麻可开花200朵以上，有一叶一花、一叶三花和一叶多花。茎下部先开花，先结实；茎上部后开花，后结实。民谚“芝麻开花节节高”是其生动的写照。

果实为蒴果，依“棱”的数量，分四棱果、六棱果、八棱果及多棱果4种。“棱”越多，假室内的种子就越多。如四棱果含种子70粒左右，多棱果含种子200多粒。种子有白、黑、黄、褐、紫等颜色，以白芝麻和黑芝麻为常见。千粒重2.5～3.5克，还有千粒重仅1克的小粒品种。过去，人们贬七品知县为“芝麻官”，借喻知县官卑职小，如同芝麻，真是惟妙惟肖。

## 主作食用油

芝麻最主要的用途是榨油。据有关资料介绍，芝麻含油量为45%～60%，油中主要成分为不饱和脂肪酸，占85%～90%，是一种优质食用油。其蛋白质中的氨基酸组成相当平衡，符合人体对食物营养的需要。此外，芝麻油中还含有多种维生素、矿物质和少量的碳水化合物，长期食用有利于身体健康。尤其是维生素E，能延缓人体细胞衰老的速度，提高人体免疫系统的功能，起着抗衰老的作用。

芝麻油又叫香油、麻油。根据加工方法的不同，有小磨油和大磨油之分。前者香味浓，后者香味淡。为什么芝麻油会有香味呢？这是因为芝麻含有一种**芝麻酚**的物质，在加工芝麻油的过程中，这种物质可在常温下挥发，从而使成品油具有特殊的香味。但芝麻油的香味在温度过高的环境下极易挥发，时间久了香味会逐渐减弱。因此，食用芝麻油时不宜高温煎熬；宜用小口容器盛装芝麻油，盖子也应盖严密，防止香味外逸。

在众多的食用油中，芝麻油堪称油中之宝。将其用于菜肴，可使其提味增鲜，馨香馥郁，滑润光亮；用于面食点心，可使其香酥可口，油亮味美。特别是凉拌菜、酱菜、腌菜、泡菜、卤菜、炒好的新鲜蔬菜和凉面等，在上桌之前淋上一点芝麻油，味道会

更加好，色泽会更加诱人。有人说安徽的“罗汉斋”在成菜时如果不淋入芝麻油，就不会那样爽滑软烂、香气融洽、鲜美可口。同样，四川的“口水鸡”少了那点芝麻油和芝麻，就跟未蘸作料的白斩鸡一样淡而无味。

需要掌握的要领是，芝麻油入菜，一般是在烹制结束前或烹制过程中“淋”或“拌”入菜肴内。当然，用于菜肴和面点的煎、烧、炸也未尝不可，宋代《梦溪笔谈》就记有：“今之北方人喜用麻油煎物，不问何物，皆用油煎。”只是芝麻油在高温加热时，使芝麻酚等挥发，香味消失，也会破坏其营养成分。

## 用于食品广

芝麻除用来加工食油外，还广泛用于食品加工业，以增进食品的色、香、味。也许人们不太相信，古代的“粒食之民”，用芝麻煮饭吃。成书于1 400多年前的《齐民要术》记载：“案今世有白胡麻、八棱胡麻，白者油多，而又可以为饭。”《本草纲目》记载：“古以胡麻为仙药，而近世罕用，或者未必有此神验，但久服有益而已耶？刘、阮入天台，遇仙女，食胡麻饭。亦以胡麻同米作饭，为仙家食品焉尔。”由此，“一饭胡麻度几春”成了千古绝唱。唐代诗人王维还有“香饭进胡麻”的句子。

用芝麻做贴面或馅心，早在汉唐时期就很盛行。《后汉书》载：“灵帝好胡饼，京师皆食胡饼。”“胡饼”是一种用面粉与芝麻烙烤的饼子，现在的芝麻饼即由它演变而来。发糕、花卷、麻团、烧饼、馓子、麻花、面包、

面窝等面制品和芝麻糕、芝麻酥、芝麻饼干、芝麻蛋卷、芝麻糖等糕点小吃，也是少不了芝麻的。芝麻糊、芝麻盐、芝麻粥、红糖拌芝麻，其配料则以芝麻为多。用芝麻做馅，再加其他辅料，制作汤圆、包子、油糍粑等，为南北各地人们所喜食。

芝麻甚至可以烹制菜肴，如菜谱上介绍的“芝麻酥鸡”“芝麻酥鸭”“芝麻兔”“芝麻牛排”“芝麻牛肉干”“芝麻珍珠肉”“芝麻菠菜”“芝麻青椒”等，均是美食中的佳品。将芝麻加工成芝麻酱和芝麻醋，则是极好的调味品，前者还可以直接下饭。

需要注意的是，芝麻因颗粒极小，吃时如果未咬碎，很可能未被肠胃消化就直接排出体外，很难摄取其中的营养成分。所以吃芝麻类食品，一定要细嚼慢咽，最好是选择芝麻粉或者将芝麻捣碎后再食用。这样吃来既能享受芝麻的特殊风味，又能摄取芝麻的营养成分。

**小贴士**

芝麻酚：芝麻酚是一种天然有机酚类化合物，是芝麻油中的重要香味成分和品质稳定剂。具有非常强的抗氧化能力，在治疗高血压、冠心病、肿瘤、老年抑郁症等的药物中具有广泛的应用，还可作为某些农药的增效剂，以及制作高档洗发水的调理剂等。芝麻酚在国际市场上非常紧俏，尤其是药物合成领域的需求量很大，目前亦从胡椒胺和洋茉莉醛出发进行合成。

# “大豆王国”说大豆

大豆有黄、青、黑多种色泽，属于豆科大豆属一年生草本植物。其种子呈椭圆形、近球形。大豆既是粮食和油料作物，也是一种很好的蔬菜。1873年，在奥地利首都维也纳举办的万国博览会上，第一次展出了金黄滚圆的中国大豆。从此，中国大豆闻名全世界，中国被形象地称为“大豆王国”。

## 古代称为菽

大豆在中国古代称为“菽”，这“菽”字亦写作“尗”或“叔”。《说文•尗部》云：“尗，豆也，象豆生之形也。”故“尗”俗作“菽”。西周铜器“大克鼎”等的铭文中有“叔”字，似用手采菽之形。而金文中的“菽”字，也大都用“叔伯”的“叔”。在谷物名中，原名被替代，大豆为其一例。

《诗•七月》：“七月亨（烹的本字）葵及菽”“禾麻菽麦”；《诗 • 小宛》又有一句说：“中原有菽，庶民采之。”《春秋》《左传》等书则多次记载统治者“不能辨菽麦”。这里的“菽”就是大豆。明末清初大思想家顾炎武在《日知录》中更详细地引证说：“《战国策》张仪说韩王曰：五谷所生，非麦而豆；民之所食，大抵豆饭藿羹。姚宏注曰：《史记》作‘饭菽而麦’，下文亦作‘菽’。古语但称菽，汉以后方谓之豆。”西晋杜预也有注云：“菽，

大豆也。”

虽然大豆在古语中称为菽、尗或叔，但并不专门指大豆。宋人罗愿在《尔雅翼》中说：“菽，豆也。其类最多。故凡谷之中居其二。又古人说百谷，以为粱者黍稷之总名，稻者溉种之总名，菽者众豆之总名。”明代李时珍在《本草纲目》中也指出：“豆、尗皆荚谷之总称也。篆文尗，象荚生附茎下垂之形。”这充分说明，不只大豆在古代被称为菽，一切豆类在古代都被称为菽。不过称菽的，是大豆的可能性大些。现今，“菽”已成为古老的字眼，称大豆的多为黄豆、青豆、黑豆，未剥壳的大豆称毛豆。

## 祖籍在中国

世界各国公认，大豆的祖籍在中国。但起源于什么地方，尚无定论。许多学者认为，栽培大豆是由野生大豆进化而来的。早在数千年或万年以前，东北和华北地区就开始种植一种长在野生蔓藤上的黄色种子，这种野生大豆又小又硬，吃后很不容易消化。到了公元前1100年，大豆种子已被培育得又大又圆，足以跻身于人工栽种作物的行列。

《管子》载：“（齐桓公）北伐山戎，出冬葱与戎菽，布之天下”。《毛传》注《诗·大雅·生民》：“荏菽，戎菽也。”郑玄《笺》注：“荏菽，大豆也。”可知“戎菽”“荏菽”即指大豆。春秋时期，齐桓公北伐山戎时，还将山戎地区的“戎菽”引种到中原，这就为以后大规模种植大豆打下了基础。

从考古来看，在山西侯马出土的战国时期的10粒未碳化大豆，其外形与现在的栽培大豆极相似。1953年在河南洛阳烧沟汉墓中，发掘出距今2 000年的陶仓，上面用朱砂写着“大豆万石”

的字样；另一出土的陶壶上写有“国豆一钟”四字。这更可作为大豆被引种到黄河流域中原地区进行种植的佐证。然而，1973年夏天，在浙江省余姚市河姆渡遗址中发掘出黑大豆，该黑大豆被检测距今已有近7 000年。这样看来，南方地区种植大豆的历史可能比北方地区早。现在，中国大地到处种植大豆，品种已达数百种，并以东北产的大豆粒大、饱满、有光泽，含蛋白质和脂肪高，而在国内外享有盛誉。

## 绿色的乳牛

大豆是人类的理想食品，它的蛋白质含量为35%～40%，是标准面粉的3.6倍，是大米的5倍。1千克大豆的蛋白质含量相当于2千克猪瘦肉，或3千克鸡蛋，或12千克牛奶的蛋白质含量，且这类蛋白质与动物性蛋白质相似。所以，大豆被誉为“绿色的乳牛”或“植物肉”。民间更是有“金豆银豆不如黄豆”之说。大豆中脂肪的含量为15%～20%，糖类、矿物质、维生素、胡萝卜素的含量也比较高，并且含有多种人体所必需的氨基酸，以及一般粮食中较为缺乏的赖氨酸。

国家卫健委食品司原副司长、中国保健协会副理事长兼秘书长张志强说，“大豆蛋白和大豆制品是东方健康膳食模式的典型代表”。这不仅因大豆营养丰富，而且食用后安全可靠，具有食疗食补功效。特别是高血压、心脏病、动脉硬化、高胆固醇患者，更应该提倡经常吃大豆蛋白和大豆制品。宋《延年秘录》赞道：“服食大豆，令人长肌肤，益颜色，填骨髓，加气力，补虚能。”

世界各国膳食指南都将大豆食品列为健康饮食的重要组成部分。目前，已有美国等多个国家的膳食指南与食品法规将营养强

化型的豆奶或大豆酸奶与乳制品归为同一食物组。《中国居民膳食指南（2022）》建议“多吃蔬果、奶类、全谷、大豆”，其中大豆推荐量为每日15～25克；建议学龄前儿童、学龄儿童、老年人、素食人群等特殊人群经常摄入大豆及其制品。

## 多种豆制品

随着小康生活的到来，人们对大豆的利用越来越广泛，从秦汉以前的作饭煮粥，充当主食，到现在向多种豆制品发展。采收的嫩豆，可以直接烹炒，做成“五香豆”“韭菜炒青豆”“炒毛豆角”“黄豆排骨汤”，或加工成罐头。老熟以后的干豆粒，除了制豆豉、豆酱、酱油外，还可以制成豆腐、豆腐干、豆腐条、豆腐乳、豆腐皮、百叶、腐竹等豆制品。

相传，豆腐是2 000多年前的汉代淮南王刘安发明的。刘安是汉高祖刘邦的孙子、汉武帝刘彻的叔叔。朱熹诗云：“种豆豆苗稀，力竭心已腐。早知淮王术，安坐获泉布。”朱熹自注：“世传豆腐本为淮南王术。”传统的做豆腐方法是，将大豆浸泡、磨浆、

滤渣以获得豆浆，煮豆浆，在豆浆中加进石膏或盐卤，使之凝结成豆腐脑，再经过压单工序压去大部分水分，豆浆便成了嫩白的豆腐。豆腐经卤、煮、炸、炖、熏等再加工以后，又能做成花样翻新的菜肴。如“油豆腐烧肉”“麻辣豆腐”“卤煮豆腐”“肉丝豆腐羹”“锅塌豆腐”“豆腐松”“鱼头豆腐”“豆腐圆子”等。曾有过一本《豆腐菜谱》，那上面就有300多个菜例。

## 用途极广泛

用大豆榨的油称为豆油。豆油是一种优质食用油，含有85%以上的不饱和脂肪酸，其中亚油酸占35%以上，对幼儿有促进生长发育的作用，对成年人则有降低血压和胆固醇的功效。油脂精炼后，经过深度加工，还可以制成人造奶油、起酥油等产品；也可以广泛用于糕点食品、烘烤食品和甜酸饮料的制作，起到改进风味、提高品质的作用。从豆油中提炼出来的**磷脂**，又是制作糖果、蜜饯、口香糖、巧克力的添加剂。

用大豆泡发的豆芽菜，被古人称为“大豆黄卷”，也很好吃。大豆在发芽的过程中，**胰蛋白酶抑制剂**大部分被破坏，同时，不能被人体吸收的**鼠李糖**等有机物急剧下降乃至消失，而其他营养素如维生素C、胡萝卜素、维生素$B_{12}$等大量增加。黄豆芽除了能做出许多菜肴外，还能煮汤。晚清薛宝辰在《素食说略》中说：“黄豆芽煮极烂，将豆芽别用，其汤留作各菜之汤，甚为隽永。”

现在，大豆不仅是代乳粉的主要原料，许多食品厂还将大豆加工成豆奶、豆炼乳、速溶豆浆粉等几十种大豆蛋白食品。从大豆饼粕里提取的蛋白，由于采用的工艺不同，获得的产品可分为浓缩蛋白、膨化组织蛋白、分离蛋白等多种。再根据这些蛋白的各自特点，又可以同其他食物配伍，加工出各种不同风味的菜肴和副食品，诸如全蛋白香肠、人造肉、馅饼、面包、罐头、饮料粉等。

## 食用有学问

食用大豆是颇有学问的，不同的吃法会得到不同的营养效果。仅从蛋白质消化率情况看，直接吃干炒大豆，消化率往往不到50%；即使把豆粒煮熟了吃，消化率也只有65%左右。因为大豆不容易嚼细，其所含的营养成分难以被人体消化吸收，往往随粪便排出了。但豆腐、豆腐干、豆腐脑、豆浆等豆制品在加工之前或加工时，由于豆粒磨碎了，阻碍蛋白质消化的因素也就消除了，消化率可提高到90% 以上。有人也许会问，为什么豆腐乳、豆酱、豆豉等霉变豆制品的营养素没有被破坏呢？这是因为在豆制品的发酵过程中，在多种微生物的综合作用下，豆制品中的谷氨酸游离了出来，增加了豆制品的营养成分，使大豆蛋白质变得更容易被人体消化吸收。

根据大豆含淀粉量少的特点，将大豆作主粮吃是不科学的。如果将大豆加入其他粮食中混合食用，则可起到营养互补的作用。如在烤制面包时，加入少量的大豆粉，不仅能提高面包的营养价值，而且可使面团发得更好，使面包外观好看，不易变形，不易老化。在油炸食品中添加2%～5%的大豆粉，可节省用油并改善食品的风味。

## 小贴士

**磷脂：**磷脂是脂质的一种，广泛分布在动物的机体和植物的种仁中，由甘油、脂肪酸、磷酸及胆碱等物质构成。其种类有卵磷脂、脑磷脂、神经磷脂等。对人体的重要功能，主要表现在对肝脏、大脑和神经组织代谢的作用上。

**胰蛋白酶抑制剂：**胰蛋白酶抑制剂又称抗胰蛋白酶因子，是大豆以及其他植物性食物主要的抗营养因子。以大豆含量最高，为总蛋白的6%～8%。因胰蛋白酶中含有丰富的硫氨基酸，经这种抑制剂控制后，硫氨基酸就不能在大豆中发挥作用，造成体内氨基酸代谢失调或不平衡。

**鼠李糖：**鼠李糖是以鼠李果实中的一种原始糖而命名的，也称甲基戊糖。主要分布在植物果胶和细菌的多糖中，为无色结晶性粉末，能溶于水和甲醇，还原性能好，甜度为蔗糖的33%，能顺利通过胃和肠道而不容易吸收。其提取物可作为甜味剂和香精香料的原料。

# 黑豆并不“黑”

随着人们生活水平的提高和膳食结构的科学调整，黑豆以其营养保健功能日益受到人们的青睐。黑豆的开发利用，对丰富人们的“米袋子”“菜篮子”，改善人们的食物结构，提高人们的健康水平和促进食品工业的发展都具有重要的意义。

## 大豆的变种

黑豆是普通大豆栽培种中的一个变种，因豆粒中含有天然黑色素，使其外表呈黑色而得名。明代李时珍在《本草纲目》中说：“大豆有黑、白、黄、褐、青、斑数色；黑者名乌豆，可入药，及充食，作豉；黄者可作腐，榨油，造酱；余但可作腐及炒食而已。皆以夏至前后下种，苗高三四尺，叶团有尖，秋开小白花成丛，结荚长寸余，经霜乃枯。”如果以浙江余姚河姆渡遗址发掘出的黑豆遗存为依据，中国黑豆的出现已有7 000年的历史。1975年在湖北江陵发掘到公元前167年的第168号汉墓中，也发现有黑豆。这充分说明，黑豆同普通大豆一样，原产于中国，以中国栽培为最早。

日本植物遗传学家永田忠男还指出，大豆起源于中国东部，大概在中国的北部和东部地区，原因之一是这些地区有野生大豆的分布。由于这些地区的野生大豆及半野生大豆类型和变异较多，

经数千年的选育和栽培，大豆出现了多种色泽的品种，黑豆即为其中之一。

## 黑得有价值

千百年来，一直被人们认为不好看、不吉利、不干净的黑色食品，经现代食品科学技术研究证明，是一种高档保健食品，其“身价”大增。研究表明，天然食物的功效和营养价值与它们的颜色休戚相关，黑色排列在首位，其次才是红色、绿色、黄色和白色。

黑豆之黑是由种皮、胚乳两部分所含的色素决定的。乳熟前期，豆粒表现为正常的绿色或黄色，只有在乳熟后期黑色素才逐渐形成，进而由浅变深，直至黑色。黑豆除了含有丰富的黑色素以外，其营养价值与普通大豆不相伯仲，普通大豆具有的各种营养成分，它都具备。但如果从保健食疗的角度分析，黑豆的保健性能不是普通大豆所能比得上的。

民谚说："食以黑为补""要想延年益寿，每天吃点黑豆"。自古以来，医药学家和营养学家一直把黑豆作为养生、保健、疗疾、长寿的重要食品而倍加推崇，认为黑豆是长肌肤、益颜色、壮骨髓、加气力、解百毒、补虚健肾、明目宁心、益寿延年的滋补佳品。中央电视台《健康之路》节目还以"地上长肉，健康吃豆"为题，介绍黑豆的抗氧化能力是最高的，有利于人体的酸碱平衡，其**大豆异黄酮**物质具防衰抗老的作用；并能美容健体，使白发变黑，有"乌发娘子"的美誉。主持人还劝告人们"多吃豆，少吃肉"，尤其是素食者更应该多吃豆。

早在明代，汪颖在《食物本草》中记载："陶华以黑豆入盐煮，常时食之，云能补肾。盖豆乃肾之谷，其形类肾，而又黑色通肾，引之以盐，所以妙也。"李时珍也说："按《养老书》云：李守愚每晨水吞黑豆二七枚，谓之五脏谷，到老不衰。"时至今日，民间仍有许多人坚持每天吃黑豆的，且多有奇效。如河南内乡马山口有位姓秦的女士，曾身患癌症，多方医治无效，后来她了解到黑豆的医疗保健功效，每日坚持吃黑豆粥，病竟奇迹般地好了。陕西周至马召乡曾有位在华山修行的张道长，每天都要吃一把煮黑豆，几十年不辍，80多岁时，仍鹤发童颜，眉清目秀，思维敏捷。北方的一些大中城市，许多老年人早晚都要冲服一种以黑豆、黑米、黑芝麻等五种黑色食品精制而成的"黑五类"冲剂，据说有防病治病、益于健康的功效。

## 食疗方法多

中医认为，黑豆味甘，性平，无毒，入心肝脾肾经。主治肾虚腰痛、肝虚目暗、身面浮肿、脚气冲天、自汗盗汗、小儿胎热、

破伤中风等病症和解多种食物、药物中毒等。用磨浆机加工出来的豆浆，则对糖尿病、高血压、心脏病、动脉硬化、肾功能不全等有辅助治疗作用。其食疗方法更是多种多样。

下面列举一些黑豆药膳。

扁鹊三豆饮：取黑豆、红豆、绿豆以等份配合煮汤，一日两次，服数日，可“补肾健脾，清热利湿，治饮酒太过，衄血吐血”（《朱氏验方集》）。在有的药膳中提出在配方中加入其他中药材，以增强疗效。如《世医得效方》中记载的是黑豆、红豆、绿豆各1升，加甘草15克左右，水煮熟，空腹时任意服，有防治流感的作用。并说：“已染则轻解，未染则七日不发。活血解毒，天行痧痘，亦可作预防。”

法制黑豆：取黑豆500克，山茱萸、茯苓、当归、桑椹、熟地黄、补骨脂、菟丝子、旱莲草、五味子、枸杞子、地骨皮、黑芝麻各10克，食盐100克。将上述12味中药装入纱布袋内，扎紧口，放在锅内，加入清水1 000毫升，煎煮30～40分钟，收取煎液。药渣加水再煎，共取煎液4次，一并放在另一锅内。将浸泡过的黑豆和食盐放入煎液内，先用武火煮沸，再用文火煎熬，在药液干涸时停火。将黑豆晒干，装瓶，每天爵服100克，可治腰酸腿痛、头昏目暗、耳鸣耳聋、皮肤干燥、消瘦乏力之症（《大补小吃补品食谱》）。

煮黑豆汤：取黑豆50克，大枣50克，桂圆肉15克，水3碗，同煮至1碗，早晚两次服用，有健脾补肾，补心气，养阴血作用。适用于血虚心悸、阴虚盗汗、肾虚腰酸、须发早白、脾虚足肿等症（《食物营养与妙用》）。

豆淋酒：取黑豆3升，炒热至有烟出，入酒瓶中，经1日以上，每服此酒半小杯，日服2～3次，令微出汗，可治产后百病，既防风气，又消结血，身润即愈（《食物养生200题》）。

**小贴士**

**大豆异黄酮：**大豆异黄酮是黄酮类化合物，是大豆生长中形成的一类次级代谢产物，因其与雌激素的分子结构非常相似，所以又称为植物雌激素。具有补充人体雌激素分泌不足，调节和改善女性低雌激素水平，增加皮肤弹性，预防更年期综合征、心脑血管疾病、老年痴呆症、骨质疏松、乳腺癌和调节血脂等功效。

# 蚕豆吃道

翠荚中排浅碧珠，甘欺崖蜜软欺酥。
沙瓶新熟西湖水，漆榅（lěi）分尝晓露腴。
味与樱梅三益友，名因蚕茧一丝绚。
老夫稼圃方双学，谱入诗中当稼书。

宋人杨万里写的这首七律，题目为《招陈益之、李兼济二主管小酌。益之指蚕豆云"未有赋者"戏作七言》。诗人以生动的文笔，描述了蚕豆的美色和美味，抒发了自己喜欢吃蚕豆的情怀。

## 豆荚如老蚕

蚕豆原产于亚洲西南和非洲北部地区，栽培历史悠久，新石器时代文化遗址中就已有蚕豆的残存物。现主要分布在亚洲、非洲和欧洲。中国始有蚕豆，是在2 000多年前的汉代。成书于公元983年的《太平御览》记载："张骞使西域，得胡豆种归，公署人仍呼此为胡豆。"而蚕豆之得名，根据李时珍的《本草纲目》解释："豆荚状如老蚕，故名。王祯农书谓其蚕时始熟故名，亦通。"其名称除胡豆外，还有佛豆、罗汉豆、寒豆、夏豆、倭豆等多种。

蚕豆主根粗壮，茎四棱中空，直立，分枝多，偶数羽状复叶，蝶形花。豆荚颇似蚕形，嫩时绿色，老熟后变为黑色或褐色，每荚含豆粒2～5粒。豆粒呈椭圆扁平形，基部有黑色或灰白色种脐，粒色有绿色、灰白色、浅黄色、褐红色等。剥开豆衣，内有豆瓣两片，约占豆粒重量的95%。粮农工作者习惯按播种季节的不同，将其分为冬蚕豆和春蚕豆两大类；按用途不同，分为粮用蚕豆、菜用蚕豆、饲用蚕豆及绿肥用蚕豆四种；按豆粒大小，百粒重在120克以上的为大粒种蚕豆，70～120克的为中粒种蚕豆，70克以下的为小粒种蚕豆。中国种植的大多是冬蚕豆，春蚕豆比较少。前者以四川、云南、湖北、湖南、安徽、浙江、江苏等地为主产区；后者以甘肃、青海和宁夏为常见。一般亩产120～300千克，也有的达到了400千克。

## 嫩时剥为蔬

蚕豆在鲜嫩时作为蔬菜，是人们颇为欢迎的。清人王士雄在《随息居饮食谱》中说："嫩时剥为蔬馔，味甚鲜美。"家庭食用，一般只去荚壳，稍老的再剥去豆衣，用豆瓣或炒、或烧、或煮、或烩，无有不可。苏州有一道"生煸鲜蚕豆"，其烹调方法极简单：先将锅烧热，放油，待油烧热，把蚕豆下锅，炒到豆皮微裂时，加糖、盐再炒二三分钟，加入葱丝，翻炒一下即可起锅。这道菜，也可以另加腌雪里蕻或其他盐腌菜一同炒了吃。比较复杂一点的，如四川贡菜"蒸锦囊笋"，是将笋子挖空，鲜蚕豆瓣切成丁块，和同样大小的火腿丁、榨菜丁装入笋内，底部切一块带节的笋盖上，上笼蒸熟，而后切成片，蘸麻油、酱油、醋、辣椒酱吃。至于用蚕豆炒肉片、烧豆干、烩虾米豆腐

和鸡蛋汤等，均是人们常做的菜肴。

鄂东人，习惯在蚕豆成熟时，将大批的蚕豆剥成豆瓣晒干贮藏起来，待到逢年过节、临时来个客人或蔬菜淡季时拿出来浸泡做菜，其菜品并不亚于新鲜蚕豆。也有的在做菜时，临时将老熟的干蚕豆浸泡发胀，剥出豆瓣烹饪应用，虽费点时间，手也剥得发软，却很值得。

## 老熟作粮吃

蚕豆含有丰富的碳水化合物、蛋白质、脂肪和维生素及多种矿物质，老熟后一般作粮食吃。元代《王祯农书》道："蚕豆，百谷之中，最为先登，蒸煮皆可便食，是用接新，代饭充饱。"传说汉光武帝刘秀在贫困时，得助于冯异的蚕豆而免于饿死，待他做了皇帝，报之以珍珠宝器。晋东海王越参军瞿庄，因受屈隐居深山，开荒种地，啜（chuò）菽饮水，主食蚕豆，不赴帝召。明清时汉水流域两岸，种植的蚕豆相当普遍，市售蚕豆多而便宜，成为人们的主粮。现在西北有些地方和少数民族地区，在蚕豆收获季节，仍然有以蚕豆为主食的。在一年当中，由于蚕豆和豌豆较之其他粮食收获时间早，尤其在青黄不接、粮食短缺之时，蚕豆更是充当了救饥度荒的角色。

但作主粮食用，最好是同大米、小米、面粉等搭配着吃。这样才能起到营养互补的作用，且符合膳食多样化的原则。整粒入馔，可以不去豆衣，将蚕豆爆炒一下，会使饭和粥增添香味，促进食欲。如烹制蚕豆粳米饭，可将蚕豆炒出香味，同淘洗好的粳米一起放入电饭煲中，加入清水，按下煮饭按钮；电饭煲跳闸以后，保温10多分钟，打开盖子，饭、豆搅拌均匀即可供食。绍兴更是有"豆花饭"和"豆花糕"美食。前者是用蚕豆瓣与糯米同煮的饭，吃时加糖，豆香糯甜，味美可口；后者是用蚕豆粉与糯米粉揉制成的糕，蒸熟用白糖拌吃，具有软糯香甘，开胃生津的特点。

其实，嫩蚕豆也是可以做粮食吃的，在某些方面比老蚕豆略胜一筹。在蚕豆见新的时候，选用嫩蚕豆同大米、小米、玉米等五谷杂粮，做成蚕豆粥、蚕豆玉米饭或单独蒸煮食用，那甘鲜、软嫩的味儿，令人食不放箸（zhù）。如煮粥吃，可将米煮开花以后，再下嫩蚕豆，熬煮成粥；煮面食，则需先将嫩蚕豆煮熟，再下面条或面片至熟而成。套用烹调术语，叫作“易熟者后下锅，不易熟者先下锅”。

## 加工小吃品

然而，蚕豆消耗较大的是作小吃。常见的是将老熟的蚕豆经过浸泡、剞刀、晾干、油氽、调味以后，加工成“兰花豆”。以此为基础，再配以适量的麦芽糖、面粉、味精、花椒粉、辣椒粉、炒芝麻、食盐等，加工成质地松脆，具有甜、香、辣、麻、鲜、咸等多种味道的“怪味豆”。还有将蚕豆煮熟，加入老卤、盐和糖等辅料，经二次翻拌，加工成香味纯正、干湿适度、咸淡适中的“五香豆”；将蚕豆经过浸泡、摊晾、爆炒、上光，加工成色、香、味俱佳的“酥豆”；将蚕豆干炒以后去壳粉碎，加入食油、桂花、红糖、芝麻、金橘皮等，制成香甜味美的豆沙，作饼子、汤圆的馅料……许多人常将干蚕豆放在锅中爆炒，讲究一点的加入了粗沙，这样炒制出来的蚕豆小吃，

虽然香脆可口，但吃时很费劲，损坏牙齿，不宜提倡。

蚕豆也是制作豆瓣酱的主要原料。闻名中外的四川特产“临江寺豆瓣”，就是选用老蚕豆和清爽甘甜的井水酿制的，它香气横溢，入口化渣，油润色鲜，深受国内外食客喜爱。川菜中的“豆瓣鱼”“麻婆豆腐”“回锅肉”等，都是少不了要放豆瓣酱的。我们日常食用的酱油、甜面酱等，很大一部分选用了蚕豆作为原料。

## 警惕蚕豆病

对于红细胞内缺乏**葡萄糖-6-磷酸脱氢酶**的人来说，一律不能吃新鲜蚕豆，也不能接触蚕豆花粉。因为这些物质会使红细胞大量地在血管内自身溶解而招致急性溶血性贫血，俗称蚕豆病。尤以13岁以下儿童（多为男孩，3岁以下的占70%）居多。其发病与否及其程度同吃蚕豆量的多少无关，有时吃一两粒也难幸免，还有乳母吃蚕豆后喂奶殃及婴儿的。轻者头昏、乏力、心慌、口渴或气短，重者可出现面色苍白、恶心、呕吐、腹泻、黄疸，甚至高热寒战、血压降低、肝脾肿大、急性肾功能衰竭而危及生命，应及时送医院抢救。儿童无此缺乏症者，无论怎样食用蚕豆都是有益无害的。

**小贴士**

葡萄糖-6-磷酸脱氢酶：葡萄糖-6-磷酸脱氢酶是一种存在于人体红细胞内，协助葡萄糖进行新陈代谢不可缺少的酵素，对保护红细胞免受氧化物质的侵害起举足轻重的作用。如果缺少这种酶，就会导致红细胞破裂而发生溶血，继而出现黄疸、脸色苍白、尿液呈红茶色，乃至呼吸受阻、意识昏迷、心脏衰竭而有生命危险。

# 豌豆圆圆

春末夏初，正是豌豆上市的时候。“百谷之中，最为先登。”尽管此时的豌豆价格较贵，可人们还是争相购买，都以“尝新”为快。

## 世界性作物

豌豆起源于埃塞俄比亚、地中海沿岸和中亚地区。早在公元前6000多年的新石器时代，在希腊和近东就种植有豌豆。土耳其曾发现过公元前5500年的豌豆残存物。到中世纪，欧洲种植的豌豆几乎与禾谷类作物一样普遍，英格兰人还应用杂交技术，培育出了一些豌豆优良品种。18世纪以后，豌豆迅速传遍世界各地，凡是种植小麦和大麦的地方，几乎都种植有豌豆，因而豌豆成了世界性的栽培作物。到了20世纪70年代，虽然豌豆的种植面积和产量远比大豆少，但豌豆还是被西方国家列入大宗食物之一；许多发展中国家还将豌豆视为有价

值的富含蛋白质的食物和饲料资源，并作为生产蛋白质的突破口。目前，全世界有60多个国家种植豌豆，主产国除俄罗斯、中国外，还有埃塞俄比亚、印度、美国、加拿大和法国。

豌豆传入中国的时间，大约在汉代，食用历史已有2 000多年。这种豆科一年生或越年生草本蝶形花攀缘植物，有蔓生、半蔓生和矮生三种类型。其荚果呈扁形或棍状形，内有豆粒4～9颗。豆粒滚圆，表面光滑或有皱缩。粒色有乳白、浅绿、黄绿、粉红、麻褐、乌黑等色。依豆荚结构不同，可分为硬荚豌豆和软荚豌豆两大类。按用途不同，又可分为食豆豌豆、食荚豌豆和食苗豌豆三大种；而食豆豌豆，还可分为食干籽实的豌豆（干豌豆）和食嫩粒的豌豆（青豌豆）。无论豌豆品种如何，结豆荚、长豆粒是其共同特性。

## 豆粒煮粥饭

中国种植豌豆比较多，主产区在四川、河南、河北、青海、云南等地。一般亩产干豆粒80～150千克，百粒重10～30克。豆粒的用途，主要是作粮食。有报道说，每100克干豌豆含蛋白质24.6克，脂肪1克，碳水化合物57克，钙84毫克，磷400毫克，铁5.7毫克以及多种维生素。具有较高的营养和食用价值。

农村习惯将干豌豆或青豌豆与大米及其他原料做饭煮粥，那清香、蜜甜的味儿，令食者不肯放下筷子。最简单的吃法，是将干豌豆、大米淘洗干净，浸泡1个小时左右，一起放入锅内加入适量的清水，煮粥或饭；如用青豌豆，则需待米煮开花以后，再下豌豆，熟时将豌豆同粥、饭拌匀，再用文火略焖即可。有一款鄂东居民在夏季时常吃的“豌豆绿豆粥”颇值得推荐，其做法：将豌豆、绿豆各50克，用清水浸泡约3小时，糯米200克淘洗干

净以后，同豌豆和绿豆放入锅内，加入适量的清水，用大火烧沸，转小火熬至黏稠，加入白糖就可以吃了。这种粥有防暑降温、解热清火、明目降压的作用。在烹制豌豆饭时，除搭配五谷杂粮外，还可以搭配肉类食材，如配伍腊肉，名为“腊肉豌豆饭”；配伍香肠，名为“香肠豌豆饭”；配伍板鸭，名为“板鸭豌豆饭”……总之，这样吃来味美可口，食物互补，营养丰富。

## 更多豆食品

豌豆还是淀粉、粉丝、凉粉、豆酱及酒等许多食品和饮料的上等原料。如做馒头时，把豌豆淀粉添加在面团中，可减少和面时间，增加发酵的芳香；做面条时，加入豌豆淀粉，可使面条柔韧光滑，久煮不糊不烂。以豌豆为主料或配料加工出来的小吃，像糖豌豆、酥豌豆、榆皮豌豆、豌豆糕；以及作糕点和面点的馅料，像月饼中的豆蓉馅、油糍粑中的豌豆馅等，也是极受人们喜爱的。北京著名小吃“豌豆黄”，其主要原料是白豌豆，经过清洗、去皮、煮烂、糖炒、凝结、切块几个步骤制作而成，传统的做法还要嵌以红枣肉。《故都食物百咏》中写道：“从来食物属燕京，豌豆黄儿久著名。红枣都嵌金屑里，十文一块买黄琼。”

青豌豆更是许多膳食中的理想原料。所谓“素烩青圆”“翡翠青圆”“豌豆烩玉米”“煮五香豌豆”“春笋豌豆”“鸡丁豌豆盖浇饭”“油酥青皮豌豆”“干煸豌豆”等，均是以青豌豆为主料或

配料烹制出来的。《御香缥缈录》记载慈禧太后喜吃豌豆：“宫里所常吃的几种蔬菜之中，太后比较喜欢的是豌豆。豌豆总是在极嫩的时候摘下来的，所以不但它的滋味非常清爽，便是看它的色相，像一颗颗绿珠似的堆在白色的瓷盘里，也很容易引起你的食欲来。”

常见的烹调方法，可用烩、炒、熘、煎、炸、蒸之法，既可单独成菜，又可配荤、配素成菜。不少人在做肉类、鱼类、蛋类、豆制品类菜肴时，习惯加入少许青豌豆，起到增色、增香、增味的效果。

## 豆苗主作蔬

豌豆枝蔓中长出来的嫩梢，俗称豌豆苗，是一种很好的蔬菜。作蔬菜吃的，以食苗豌豆为上品。因其叶轴顶端长有羽状分枝如龙嘴旁的卷须，故有人称为龙须菜。也有无卷须的，如四川农科院作物所运用有性复合杂交方法育成的“无须豆尖一号”，即无卷须。一般以其托叶和叶芽要张开而未张开的最为可口。

《植物名实图考长编》说：“豌豆苗作蔬极美。”美就美在它色泽碧绿，叶嫩尖肥，清淡不腻，化渣爽口。不管是素炒还是荤做，都别有风味。即使是烹制成“清汤豌豆苗”，不放味精和其他配料，只放油盐，也是极好吃的。若是去参加筵宴，高级菜肴如“芙蓉鸡片”“鸡豆花”“玉液龙须鸡”里，也是会有几根豌豆苗的。家庭菜谱中，如“生煸豆苗”“鸡柳豆苗”“虾仁扒豆苗”“豆苗扒鹑蛋”“蟹王扒豆苗”

等，均是以豌豆苗为主料烹制的。但做菜时，最好是将豌豆苗放进开水锅内稍焯一下；捞起放在冷水中过凉，沥干，然后烹炒调好味供食。单炒一定要旺火热油，急下急翻，快速成菜。过火或欠火，菜品必然乱糟糟的，不好看也不好吃。

## 豆荚亦做菜

豌豆的鲜嫩荚果，也是可以做菜的，不过一般用的是食荚豌豆。它们的外形有点像皂角，也有的像关刀，荚大肉厚，柔嫩清香。蔬菜中所具备的水分、蛋白质、糖类、维生素、矿物质、纤维素等，几乎样样不缺。有人对四川的“食荚大菜豌一号”进行测定，青荚所含的粗蛋白竟高达19.95%，比菜豆、豇豆等食荚豆类和叶、瓜、根菜类及一般鱼、肉的含量都高。

烹调时，既可以爆炒，也可以猛煮（不要煮过了头），还可以用开水滚烫数分钟后做汤或凉拌。无论烹制荤、素菜，都只需将青荚洗净，撕去两头和两边的老筋，不需将豆粒剥出来。较长的豌豆荚，可一摘两段，也可以一摘三段，短的则可以整只入馔。菜品如“生煸豌豆荚”“豌豆荚炒肉片”“豌豆荚爆鸡丁”等。需要注意的是，不易熟者先下锅，易熟者后下锅，或者分开烹制后再合烹在一起。有些地方的小孩，喜欢生吃嫩荚里面的豌豆粒，甜甜的，十分可口，但大都将外壳扔掉了，实在可惜。

## 别名有许多

最后，还想说说豌豆的别名。这种既是粮食又是蔬菜并能物尽其用的豆类，在古代有称胡豆、回鹘豆、青斑豆，往往还容易与大豆相混，称戎菽或荏菽的；也有称麻累、青小豆、毕豆、留

豆和国豆的。李时珍在《本草纲目》中释名说："胡豆，豌豆也。其苗柔弱宛宛，故得豌名。种出胡戎，嫩时青色，老则斑麻，故有胡、戎、青斑、麻累诸名……《尔雅》：戎菽谓之荏菽。《管子》：山戎出荏菽，布之天下。并注云：即胡豆也。《唐史》：毕豆出自西戎回鹘地面。张揖《广雅》：毕豆、豌豆，留豆也。"《邺中记》还载："石虎讳胡，改胡豆为国豆。"《饮膳正要》亦称豌豆为回回豆。且因豌豆是一种很好的杂粮，豆粒是圆的，所以现在有些地方还有叫麦豆、菽豆、圆豆、圆圆豆的。大概是由于豌豆是从国外引入的，许多人还称豌豆为荷兰豆。

# 金豆银豆不如绿豆

“三四月下种，苗高尺许，叶小而有毛，至秋开小花，荚如赤豆荚。粒粗而色鲜者为官绿；皮薄而粉多、粒小而色深者为油绿；皮厚而粉少早种者，呼为摘绿，可频摘也；迟种呼为拔绿，一拔而已。北人用之甚广，可作豆粥、豆饭、豆酒，炒食、麨（chǎo）食，磨而为面，澄滤取粉，可以作饵顿糕，荡皮搓索，为食中要物。以水浸湿生白芽，又为菜中佳品。牛马之食亦多赖之。真济世之良谷也。”这是李时珍在《本草纲目》中为绿豆写的一段说明文字，既简练生动，又形象具体，读来如同一幅草图展现在面前。

## 皮绿而故名

绿豆也写作菉豆，别名吉豆、文豆、青小豆，因豆粒的皮呈绿色而故名。原产地在中国、印度和缅甸。主要出产于中国、印度、伊朗和东南亚各国，美洲、欧洲、非洲等地亦有少量种植。中国主产区集中在黄河、淮河流域平原的河南、河北、山东、安徽等多地，湖北、江西、江苏、福建、四川、贵州、山西、陕西等地也有生产。

中国种植绿豆的历史有2 000多年。三国时期杨泉的《物理论》提到过“菽”，说有黄豆、白豆可食，有绿豆可粉。唐以后

的历代医书及农书，多有绿豆入药、食用和种植的记载。唐代陈藏器甚至说："用之宜连皮，去皮则令人小壅气，盖皮寒而肉平也。"宋代《开宝本草》载："煮食，消肿下气，压热解毒。生研绞汁服，治丹毒烦热风疹，药石发动，热气奔豚。"元代《王祯农书》还记载："北方唯用绿豆最多，农家种之亦广""南方亦间种之"。

## 优良品种多

绿豆属豆科一年生草本植物，4—7月均可播种，生长期为60～105天。禾苗直立，分枝多，茎蔓生或半蔓生，高30～100厘米。全株被有茸毛，叶子由三片小叶组成，开金黄色或绿黄色蝶形小花，每束花结荚3～4个。成熟的豆粒为圆形，有青绿、黄绿、墨绿、褐绿等色，种皮具有光泽和无光泽两类。

其优良品种有许多，比较著名的有河南的毛狸光绿豆、江西广丰的细花绿豆、浙江嘉兴的明绿豆、吉林长岭的吉豆。尤其是安徽嘉山明光镇的明光绿豆，荚肥粒大，豆粒明亮碧绿，味香，极易煮烂，商品品质特优。但绿豆的单产比较低，一般只有七八十千克。高产的也是有的，像湖北农业科研单位筛选出的VC2778A、V1381两个优良绿豆品种，亩产125.2～148.9千克，高产示范田单产达到233千克。

## 食用价值高

常言说："金豆银豆不如绿豆。"绿豆的食用价值是相当高的。据分析，每100克豆粒中含蛋白质23.8克，脂肪0.5克，碳水化合物58.5克，维生素$B_1$ 0.53毫克，维生素$B_2$ 0.12毫克，烟酸1.8毫

克，胡萝卜素0.22毫克，铁6.8毫克，钙80毫克，磷360毫克。绿豆显著的特点是其蛋白质中的氨基酸比较完全，其赖氨酸和苯丙氨酸的含量较高。而禾谷类最缺少的就是赖氨酸，所以把绿豆与大米或小米混合着吃，通过氨基酸的互补作用，能进一步提高食品的营养价值。

作为粮食类烹饪食材，绿豆最受人们欢迎的莫过于同大米煮粥和煮绿豆汤。盛夏时节，骄阳似火，当您汗流浃背、饥饿口渴之时，吃上一碗绿豆粥或喝上一碗绿豆汤，顿时会解饥解渴，沁人心脾，惬意万分。

绿豆还是制作多种副食品和小吃的优质原料，如做粉丝、粉皮、淀粉、糕饼和馅心等。山东“龙口粉丝”，就是以绿豆淀粉为原料加工出来的，丝条洁白，细而均匀，弹性好，久煮不碎不糊，软硬适口，在国际市场上被誉为“粉丝之王”。湖北城乡居民用糯米和绿豆为主要原料炸制的“绿豆糍粑”（也称“绿豆油粑”），色泽金黄，外酥内软，油而不腻，咸香滋美。武汉老通城酒楼，将大米和绿豆磨的浆烫成豆皮，辅以荤素配料，制作出来的“老通城豆皮”，已有半个世纪的历史，具有皮薄色艳、松嫩味美、馅心鲜香的特点，深受中外食客的欢迎。福建泉州的“绿豆馅粿”，是以糯米粉为包皮，以绿豆细沙做馅心加工出来的，冷热均可食用，甜润香美，是有名的小吃之一。

将绿豆浸泡长成的豆芽，是中国城乡居民的家常菜。明代诗

人陈嶷在《豆芽赋》中赞曰："有彼物兮，冰肌玉质，子不入于污泥，根不资于扶植。金芽寸长，珠蕤双粒；匪绿匪青，不丹不赤，宛讶白龙之须，仿佛春蚕之蛰。……物美而价廉，众知而易识。"安徽嘉山用明光绿豆酿造出来的"明绿液"酒，色泽清雅，芳香醇郁，极为畅销。此外，"糯米绿豆丸子""炒绿豆泥""绿豆冬瓜汤""冰绿豆羹"等，又是餐桌上的美味菜点。绿豆冰棒、冰冻绿豆汁等，则是清凉解暑的好饮料。

## 保健食疗广

绿豆不仅味道佳美，而且有广泛的保健食疗作用。一般家庭都备有多少不一的绿豆，供随时吃用。

其功效主要有清热、消暑、生津、止渴、利水、解毒。尤其是夏季饮用，更是一味理想的居家良药。人在夏天容易出汗，体力消耗大，喝一碗清凉的绿豆汤，既解暑清热，又可补充人体需要的营养物质。熬夜有了火气，或者喉干肿痛、心烦口干、大便燥结，绿豆汤又成为治疗这些症状的良方。农民"三夏"大忙期间上了火，习惯烧绿豆汤代茶喝以解之。防暑和治消化不良，可用绿豆、赤小豆、黑小豆各等量，加水适量，用文火煮烂，红糖调味，饮汤吃豆。小孩夏日好生痱子，患皮炎、小疖肿等，将绿豆与赤小豆、荷叶、白糖一同煮食，可消炎止痒。对高血压、眼睛患有各种慢性炎症者，可将绿豆与菊花一起煮汤泡茶饮服，有平肝明目、降低血压之效。

传说古代名医扁鹊创制"三豆饮"：用绿豆、赤小豆、黑大豆各一升，甘草节二两，以水八升，煮极熟，任意食豆饮汁，治天行痘疮，疏解热毒。古代还说绿豆能"解百毒"，故对野菌中毒、砒霜中毒、铅中毒和酒精中毒等，可配合食用绿豆或用绿豆配伍

药物，以辅助解毒。如患有痤疮、腮腺炎、丹毒以及无名肿毒者，可将绿豆粉用水调成糊状涂抹患处以清热解毒、消肿。民间还有“绿豆枕”，即将绿豆皮装入枕芯内，再加些干菊花，以起到清火明目、降血压的作用。不过，绿豆性寒，脾胃虚弱的人不宜多吃；同时绿豆汤容易变馊，食用时一定要现做现吃。

# 又红又好吃的赤豆

赤豆，又名朱豆、小豆、小菽、赤小豆、红小豆、米小豆、饭红豆；还有个与木本植物相思子果实相同的别名——红豆；徽州方言称“来古红”。

## 东亚之作物

赤豆原产中国，系由喜马拉雅山一带及云南等地的野生种经长期人工选育培植而成。公元3—8世纪，赤豆由中国传到朝鲜，后又传到日本。现主要分布在亚洲东部，故有“东亚作物”之说。种植面积和总产量均以中国最多，其次是印度、朝鲜、日本和泰国。加拿大、巴西、美国、新西兰等已引种成功。中国主产区在华北、东北、黄河流域、长江中下游地区及华南地区，其他地区也有少量出产。

赤豆既可单作，又可间作和套种。分春播、夏播和秋播。但一熟制地区多为春播，二熟制地区常在小麦收割后夏播，三熟制地区在早稻收获后秋播。按其植株形态不同，分蔓生和矮生两

种。茎多为绿色或紫红色，株高20~150厘米。初生叶对生，次生叶为三出复叶，小叶尖圆形而有缺刻。腋生总状花序，花为黄色，自花授粉。荚果长筒形或扁圆形，略弯曲，幼时绿色，老熟后为黄白色、浅褐色或黑色。每荚包着豆粒5～10枚。粒形呈圆柱形、近球形或扁圆形，表皮红色居多，有白色条状脐，百粒重4～30克。

## 豆粒有区别

但严格说来，赤豆有赤豆和赤小豆之分，区别这两种豆子最简单的方法是看豆粒的颜色。前者为鲜红色，有明显的光泽；后者多为暗红色或暗紫色，虽有光泽而赤黯。比较而言，赤豆大于赤小豆，籽粒也饱满一些，凭经验可以鉴别出来。由于赤小豆较之赤豆产量低，种植不多，多用于药用，故我们见到的多为赤豆，市售价格赤小豆比赤豆也要贵一些。

赤豆的营养价值相当高。每100克干豆粒含蛋白质21.7克，脂肪0.8克，碳水化合物60.7克，钙76毫克，磷386毫克，铁4.5毫克，钾1 230毫克，钠1.9毫克，镁126.7毫克以及多种维生素。

最近有学者研究出，赤小豆的营养价值虽然与赤豆不分伯仲，但却含有抗营养因子，会阻碍人体营养物质的吸收，且缺乏部分必需氨基酸，不宜作为食物唯一的蛋白质来源。因此赤小豆不宜单独食用，宜配伍其他食材一起吃。就像吃大米饭必须佐菜一样，以便摄取多方面的营养和增加口感。

## 吃法比较多

作为杂粮类烹饪原料，赤豆是没有分类的。无论是赤豆还是

赤小豆，人们习惯统称“赤豆”或“赤小豆”，或者称赤豆的其他别名。其吃用方法比较多，为便于叙述，本文宜以“赤豆”称之。

盛夏时节，人们习惯熬赤豆汤喝，把赤豆洗净浸泡，加水慢煮至豆烂，或加白糖、或就小菜，具有消暑解渴、清热去火、生津补益的作用。将赤豆与大米或小米混合做成赤豆饭，红白或红黄相间，喷香扑鼻，味美可口。赤豆与其他食材配伍煮粥，常见的有赤豆糯米粥、赤豆粟米粥、赤豆莲子粥、赤豆桂圆粥、赤豆薏仁粥、赤豆百合杏仁粥等，色泽褐红，滑利爽口，并带有一定的黏稠性。将赤豆煮烂脱皮，加工成赤豆泥，可制作赤豆包子、赤豆肉水饺、糯米赤豆角、赤豆油糍粑等，吃来别有一番风味。做成赤豆冰糕、冰激凌，色佳味美，堪称一绝。将赤豆磨成粉，加入面粉内制作面条，或与面粉掺和做成各式小吃，芳香适口，老少皆宜。生发赤豆芽，是一种很好的蔬菜，人见人爱。

赤豆经煮蒸、捣烂、洗沙、炒制等多道工序加工出来的豆沙，更是大派用场。既可做多种糕点和面点的馅料，又可做烹制甜菜的原料。前者如豆沙月饼、豆沙面包、豆沙甜饼、豆沙包子、豆沙汤圆、豆沙馄饨；后者如上海的“夹沙香蕉”、北京的“夹沙肉”、浙江的“蛋白夹沙”、江苏的“双色豆茸”、山东的“蜜汁金枣”、河北的“拔丝瓤红果”、辽宁的“拔丝金皮豆沙”等，不胜枚举。

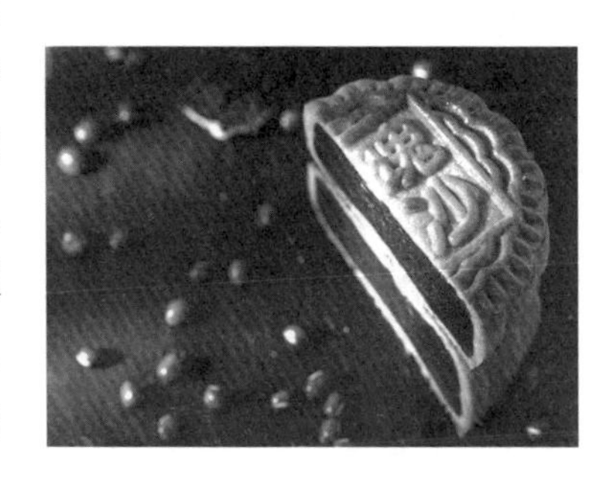

## 豆神名灵殖

大概是由于赤豆的多种功用而受到人们的推崇，也许是封建

社会古人泛神思想的极端，赤豆在中国民间传统风俗里，还被当作神通灵验之物，被供奉为“豆神”。据明代陈耀文的《天中记》引《春秋佐助期》载：“豆神名灵殖，姓乐。”每逢辟瘟疫、赶恶煞、疗疾病、施行法等，总离不开赤豆。

流传最广的是吃赤豆粥辟鬼的故事。说的是上古五帝之一的颛顼氏的三个儿子死后，变成了疫鬼，不是要这家人染病，就是要那家人受灾。这几个疫鬼谁都不怕，就怕赤豆。所以在腊八、冬至、夏至等节令，民间有煮赤豆粥吃的习俗，以祛邪辟恶，驱除疾病。其例证资料，在古籍中有许多。如《岁时杂记》载：“共工氏有不才子，以冬至日死为疫鬼，畏赤豆，故是日作赤豆粥厌之。”《杂五行书》载：“常以正月旦，亦以月半，以麻子二七颗，赤小豆七枚置井中，辟疫病甚灵验。正月七日，七月七日，男吞赤小豆七颗，女吞十四枚，经年无病，令疫病不相染。”《岁时广记》载：“立秋日，以秋水吞赤小豆七十粒，止赤白痢疾。”旧时农村举行婚礼，还有“撒谷豆”之俗，这“豆”亦包括赤豆。即新郎、新娘入洞房坐帐时，由巫祝一流人士取豆谷，口念祝咒，迎面而撒。这当然是封建迷信，不足为信，亦可批驳。

至今在农村婚礼中仍流行有“撒帐”的风俗，边撒谷豆边唱，含义已经由旧时的赶煞转成祝吉了。有一首《撒帐词》道：“洞房花烛，春光似锦。婚姻美满，爱情纯真。喜事新办，推陈出新。鸳鸯比翼，佳偶自成。白头偕老，相敬如宾……科学种田，争当尖兵。贵府生辉，喜气盈门。紫气东来，万里鹏程。”

# 豇　豆

## ——既是蔬菜也是粮

豇豆，又称架豆、豆角、带豆、姜豆、长豆、腰豆、蔓豆、裙带豆；还有个古老的名字，叫跭䝄（xiáng shuāng）。李时珍在《本草纲目》中释名说："此豆红色居多，荚必双生，故有豇、跭䝄之名。"

### 多种起源说

豇豆的老家在何处？一直众说纷纭。一种说法认为起源于非洲，最早在西非和中非栽培，种植历史已有6 000多年；另一种说法认为起源于印度和缅甸，汉、晋时期传入中国；还一种说法认为中国也是豇豆的起源地，证据是云南西北部发现过野生豇豆，而且分布很广……谁是谁非，难以定论。不过，豇豆在新石器时代就有栽培，是世界公认的最古老的农作物之一。

目前，豇豆广泛分布于热带、亚热带和温带地区，以非洲的种植面积和产量最多。主产国为尼日利亚，每年生产干豆粒85万吨左右，约占全世界总产量的3/4；其次为尼日尔、乌干达、埃塞俄比亚、上沃尔特、突尼斯、中国、印度、菲律宾等。

## 蔬粮两大类

中国的豇豆产区在黄河以南各地区，著名品种有上海的紫豇豆、四川的红嘴燕、天津的线青豇豆、广东的蛇豇豆、广西的红豇豆、云南的朝天豆、山西的白画眉、河南的露水白、江西的矮豇豆、河北的大红袍等。但按食用性质的不同，可分为菜用豇豆和粮用豇豆两大类。

菜用豇豆又名菜豇豆或长豇豆，需搭架栽培。茎蔓生，具缠绕性，荚细长，断面扁圆形或圆棍形，长30～100厘米，也有更长的。每荚含种子15粒左右，种子小，长肾形，千粒重30～150克，颜色有红、白、黄、黑、紫及各种花纹或花斑，中间边缘处有白色种脐。

粮用豇豆又名饭豇豆、地豇豆或短豇豆，一般不用搭架栽培。植株矮小，茎直立或半直立，也有蔓生型的。荚长7～30厘米，长圆筒形，稍弯曲，内含种子6～10粒。种子近肾形或椭圆形，千粒重50～300克，粒色与菜用豇豆相同。

事实上，菜用豇豆和粮用豇豆，都可以作蔬菜食用，也都可以作粮食食用，只不过因生长的特性不同而有所择重。正如李时珍所云："嫩时充菜，老则收子。此豆可菜、可果、可谷，备用最多，乃豆中之上品。"

## 嫩荚作蔬菜

以豇豆的嫩荚作蔬菜食用，是中国人的一大发明。在国外，许多地方只用种子代粮或用藤蔓作绿肥，至今江浙一带仍有作绿肥用的"印度豇豆"。这种豇豆传入中国后，才逐步被培育成蔬菜，并且人们创造出了用人字架栽培豇豆的技术。

豇豆是夏秋季时的常见蔬菜，无论是色、香、味、形，还是营养价值都不亚于其他蔬菜。其食用方法是多种多样的，名厨师能将它做出许多受人欢迎的菜肴，家庭主妇也能将它烹调得味美可口。如烧或炒食，宜以猪肉、腰花、鸡丝、火腿、海米等作配料；不用配料，素食亦佳。拌食，则需选稚嫩豇豆，用开水烫一下，加入榨菜丁、蒜泥、芝麻酱等调味品。菜肴的味道，咸、甜、辣、麻、鲜随人所意。

湖北农家，喜欢把豇豆放在菜坛子里面，用盐水加辣椒浸泡，制成酸豇豆，吃来开胃下饭。湖南、江西等地方，还习惯在豇豆收获的旺季，将豇豆成大批地采摘下来，用开水烫成半熟，晒干贮藏，以备随时食用。《红楼梦》里，平儿向刘姥姥要的那种豇豆干，就是这种加工品。不过吃的时候，需要用清水浸泡还原，再进行烹调，以做扣肉、粉蒸肉的垫底见长。

## 子老作粮吃

老熟豇豆剥出的籽粒，是一种很好的粮食。1981年出版的古农学家石声汉的遗著《中国农学遗产要略》也认为，豇豆“过去似乎只用种子作杂粮”。

农谚道：“三月种豇，六月度荒”“家种三升豇，不怕六月荒”“六月豇，渡夏荒”。这好像是在表达豇豆是用来度荒的，但实际上富裕时平常食用未有不可。至今在湘西，苗族居民仍有以

豇豆、玉米、大米、高粱作为主食的。据抽样分析，每100克豇豆籽含蛋白质22克，脂肪2克，碳水化合物55.5克，钙100毫克，磷456毫克，铁7.6毫克，钾1 520毫克，镁193.8毫克以及多种维生素。营养是比较高的，可与绿豆、赤豆、豌豆媲美。

《随息居饮食谱》载："嫩时采荚为蔬，可荤可素。老则收子充饥，宜馅宜糕。"《救荒本草》载："角嫩时，采角煮食，亦可做菜食。豆熟时，打取豆食之。"豇豆籽作为粮食烹饪原料，可配伍其他粮食、果蔬、禽畜肉或单独制成豆粥、豆汤、豆饭等美食。还可以煮熟捣烂为馅，磨成粉加入其他食品原料中加工成粉丝、面条、糕点等。夏日喝上一碗豇豆汤，既消暑解渴，又滋养身体。用豇豆籽制作的豆沙馅，较之赤豆沙并不逊色。豇豆馅包子或豇豆馅玉米面团子，人人都爱吃。"豇豆籽炒肉丝""豇豆籽冬瓜汤""豇豆籽粉蒸肉"等，既可作菜，也可代粮。另据报道，豇豆籽还可以做咖啡的代用品。

## 有益于健康

无论是吃菜用豇豆还是吃粮用豇豆，都有益于健康。《本草纲目》说它"理中益气，补肾健胃，和五脏，调营卫，生精髓，止消渴，吐逆，泻痢，小便数，解鼠莽毒"；《本草从新》载有"散血消肿，清热解毒"；《滇南本草》称能"治脾土虚弱，开胃健脾"；《医林纂要》记有"补心泻肾，渗水，利小便，降浊升清"等。民间有许多人认为，食物像人体的某一部位就可以补这一部位，如核桃像人脑就可以补脑，苹果像人的脸蛋就可以滋润面部皮肤。由于豇豆籽呈肾脏形，所以还有豇豆补肾脏的说法。这有没有科学根据，有待于人们去分析研究。但在李时珍的《本草纲目》里已证实说："昔卢廉夫教人补肾气，每日空心煮豇豆，入少盐食之，盖得此理。”不过，气滞便结者不宜过多吃豇豆。

## 美妙的传说

在中国，凡是美好的东西，几乎都伴有一段美妙的传说，豇豆也不例外。据讲，豇豆荚原来是单生的。有一年发生洪水，一位姑娘舍生忘死抢救豇豆，忽见一小伙子抱着一根木头被水冲来，奄奄一息。姑娘将小伙子救起，把豇豆咬烂，口对口地喂他，使小伙子苏醒了过来，很快恢复了健康。此事感动了土地神，他亲自做媒，让姑娘和小伙子喜结姻缘，并指令豇豆荚成双成对地并生，以示天下有情人终成眷属。在国外，阿拉伯人常把豇豆当作是爱情的象征，小伙子向姑娘求婚，总要带一些豇豆；新娘子到男家，嫁妆里也少不了豇豆。

# 扁豆说略

金秋时节，丹桂飘香。在农村的房前屋后、林荫道旁，经常可以看到婆娑多姿的扁豆沿篱蔓延而生，那白紫相映的扁豆花，形如小蛾展翅欲飞，使锦绣大地平添生机。此时此刻，无不令人想起明代王稚登的《种豆》诗："庭下秋风草欲平，年饥种豆绿阴成。白花青蔓高于屋，夜夜寒虫金石声。"

## 豆脊有白路

扁豆亦写作"稨豆"，俗名鹊豆、藤豆、树豆、茶豆、沿篱豆、蛾眉豆。原产于印度和印度尼西亚，约在汉晋时期引入中国，文字记载始见于南朝梁代《名医别录》，现在全国各地均有种植。但种植面积不多，大多只栽培在墙头、地角、树木下的零星空隙之地，很少有大面积种植的。

扁豆属豆科扁豆属一年生蔓性草本植物，有长蔓和短蔓之别，以长蔓为多。绝大部分依靠树木、绳索或支架缠绕生长。叶为三出复叶，开白色或紫色花，自叶腋抽出长花轴，每个花轴能结荚5～13个。豆荚肥厚扁平，宽而短，绿白色或紫红色。每荚含豆粒3～7枚，豆粒为扁椭圆形，黑褐色、茶褐色或白色，附着荚的脊部为白色。恰如《本草纲目》之所言："藊本作扁，荚形扁也。沿篱，蔓延也。蛾眉，像豆脊白路之形也。"这后一句也可以理解

为“豆脊有白路”，是与其他豆类相区别的明显标志。一般千粒重300～500克。

## 以吃荚为主

吃扁豆以吃豆荚为主，多采取煮、烧、炒、焖的方法成菜，也有的作泡菜、腌渍或干制。一般是将嫩豆荚采摘以后，撕去边缘上的老筋，洗净以后，整只、掰半儿或切成丝单烹，或配荤、配素。诸如“扁豆烧肉”“扁豆炒肉丝”“西红柿焖扁豆”“香菇焖扁豆”“扁豆煮萝卜”等。江浙一带民间喜以酱烧扁豆，这也成了当地的家常下饭菜。嫩豆荚风干后红烧猪肉，有独特的风味。农家有一道“焖扁豆”的菜，既简便又实惠，方法是：将扁豆洗净沥干，掐去两头，折断成5厘米长；热好油锅，放入大料，炸出香味，加入黄酱、葱丝炒均匀，随即放入扁豆；煸炒后加入适量的水、酱油和盐，用微火焖软，加入蒜片，再在旺火上炒一下，加熟油少许即可出锅。浙江的“凤凰扁豆”“油㸆（kào）酱扁豆”，还上了名菜谱。

然而，吃扁豆是有讲究的，弄不好会引起扁豆中毒。尤其是

在霜降前后，发生率比较多。因为扁豆荚内含有皂素和**植物血球凝集素**，人吃了会引起肠黏膜充血、肿胀、发炎和造成缺氧，使病人发生恶心、呕吐，并伴有腹痛、腹泻、头痛、头晕等。避免中毒的方法很简单，就是将扁豆烹熟煮烂，不吃没有熟透的扁豆菜肴。因为熟煮后，扁豆的有毒物质就被破坏了。那种爆炒脆扁豆、凉拌扁豆或用生扁豆做饺子馅料等没有把扁豆煮熟的吃法，对于人体是有害的。

## 豆粒好食粮

扁豆老熟以后，是一种很好的杂粮。据分析，每100克干扁豆含蛋白质20.4克，脂肪1.1克，碳水化合物60.5克，钙57毫克，磷368毫克，铁6毫克，维生素$B_1$ 0.59毫克，维生素$B_2$ 0.41毫克，烟酸1.7毫克，粗纤维6克。可以看出，在豆类中扁豆的蛋白质含量较高而脂肪含量较低，是较好的植物蛋白食品。

以扁豆作粮也许人们不太习惯，但许多事实证明扁豆是可以作粮食的。古埃及和古希腊人曾大量种植扁豆，早在公元前2000多年，他们就将扁豆视为主粮之一，甚至在帝王的陪葬品中也有一种用扁豆做成的糕饼。明代李时珍在《本草纲目》中指出："白露后实更繁衍，嫩时可充蔬食茶料，老则收子煮食。"浙江一带将扁豆列入五大名豆之一，以湖州为胜。《补农书》记载："居民于水滨偏插柳条，下种白扁豆，绕柳条而上""每豆一棵可收一升""枯豆收贮，可以接新"。福建一些地方习惯将扁豆与花生一

道烹煮，加糖料、藕粉，制作“扁豆花生羹”吃。农村许多人家，将扁豆炒熟吃，方法如同炒花生、炒板栗一样，那独特的扁豆香，隔几间屋子都闻得出来。

其实，扁豆的吃法多种多样，既可与大米一起熬粥煮饭，又可单独或与其他配料一起做豆汤、豆泥、豆丸、豆饼等吃食。夏天，人们喜欢喝绿豆汤、赤豆汤，将扁豆煮成汤，加入糖料，同样受到人们的青睐，而且可代清凉饮料，具有补益作用。扁豆同肉类炖食，味道特别鲜美。做汤圆、蒸饺、馅饼加进扁豆泥，风味别具一格。将扁豆磨成粉，加点小茴香，蒸成扁豆糕，比豌豆糕更好吃。由于扁豆起沙，和赤豆、绿豆一样，还可以加工成豆沙，用来做糕饼、面包和点心的馅料。

## 重要中药材

据历代药典介绍，白扁豆是重要的中药材，尤以白花白荚白豆粒者最为名贵。《名医别录》说它：“味甘微温，主和中下气。”《本草纲目》说它：“白而微黄，其气腥香，其性温平，得乎中和，脾之谷也。入太阴气分，通利三焦，能化清降浊，故专治中宫之病，消暑除湿而解毒也。”《本草用法研究》说它：“味甘平而不甜，气清香而不窜，性温和而色微黄，与脾性最合。主治霍乱呕吐、肠鸣泄泻、炎天暑气、酒毒伤胃，为和中益气佳品。”

临床应用证实，生扁豆化湿性能好，炒扁豆健脾功用强。药材中，将白扁豆用水煮至皮鼓起、松软时捞出，即为生扁豆；将白扁豆放在锅内炒至黄色，略带焦斑者，即炒扁豆。

验方如：取生扁豆10克，红枣10个，水煎服，可治百日咳；取生扁豆（去皮）30克，白糖30克，煮熟服食，可治痢疾和妇女白带过多；取炒扁豆15克，党参30克，淮山30克，薏米30克，砂仁2克，水煎服，可治脾虚消化不良、手足无力等症；取扁豆60克，薏米90克，煮粥服，可预防中暑。如将扁豆加糖与莲子同煮，则有清热去暑、滋补强身之功，最适宜病后、产后身体虚弱的人食用。

**小贴士**

**植物血球凝集素：**植物血球凝集素是对原来从植物中发现的，具有凝集红细胞作用的物质而命名的，后来发现了很多具有同样作用的物质，扩大其含义为细胞凝集中植物来源的总称——植物凝集素或凝集素。食物中以扁豆含量为高。它具有凝集红细胞，促进淋巴细胞幼化和分裂的作用。其提取物与化疗药物合用，可用于治疗免疫功能受损引起的多种癌症。

# 菜粮兼优的菜豆

菜豆有许多称谓，有称芸豆、地芸豆、隐元豆、墩豆、龙爪豆、龙牙豆的；也有称扁豆、芸扁豆、玉豆、白豆、粉豆、四季豆、四季梅的；还有称架豆、唐豆、棚豆、豆角、棍豆、小刀豆的……豆类中恐怕它的名字最多，也最乱，往往同别种豆类的名称互相通用，搞得人混淆不清。然而，它的学名只有一个，叫普通菜豆。

## 发端起源史

菜豆的原产地在历史上有过许多争论，一般认为起源于美洲的墨西哥。1960年，考古学家在墨西哥发现过距今4 300～6 000年的菜豆种子；还有人在墨西哥找到了野生菜豆，经分析断定是现在菜豆的祖先。

但也有人认为亚洲是菜豆的故乡，根据是达尔文在《动物和植物在家养下的变异》中说的一段话："一位学者相信所有菜豆都是从一个未知的东方种传下来的。"达尔文是19世纪的世界著名科学家，他是通过无数次考证以后得出结论的。而素有"东方"之称的中国，早在公元6世纪就有关于菜豆入药的记载。如唐代大明的《日华子诸家本草》说："白豆""暖肠胃。煮食，利五脏，下气。"后来，还有孙思邈的《千金食治》说"（白豆）杀鬼气，肾之谷，肾病宜食之”，等等。许多志书还把菜豆列入地方上的名特产之一。由此看来，菜豆或原产于墨西哥，或原产于东方之中国，或两国都是原产国，一种植物发端于两个地方并不足为奇。

## 蔓矮两大类

经过历代劳动人民的辛勤培育，菜豆已出现许多品种。按其株型和生长的习性不同，大体有蔓生菜豆和矮生菜豆两大种类，栽培地遍布全国南北各地。

蔓生菜豆茎蔓生或半蔓生，多依靠支架缠绕生长，迟熟，结荚多；矮生菜豆茎直立，植株为丛生状，早熟，结荚少。按照《中国农业百科全书》上的分类，除蔬菜用的软荚菜豆外，一般将收干豆粒的菜豆分为四种类型，即海军豆，又称小粒型菜豆，粒长0.8厘米以下，卵圆形或椭圆形；中粒型菜豆，粒长1～1.2厘米，厚度不及长度的一半，具有浅黄色带粉红色斑点；玉豆，粒长中等或稍大，一般长1～1.5厘米，厚度超过长度的一半；肾形豆，粒长1.5厘米以上，粒肾形，呈白色或深浅不同的红色和紫红色，有的有斑点。1973年，辽宁大连市农科所同有关单位合作，进行菜豆新品种选育。在地方菜豆良种“花皮脸”与“九粒白”杂交后代中，经5年6代系谱选育，春、秋时在温室加以选择，育成了菜豆新品种——芸丰。它荚长，粒大，品质优良，耐寒性强，产量高，目前在全国普遍种植，深受农民的欢迎。

## 嫩时荚为蔬

无论是蔬菜用的软荚菜豆还是收干豆粒的菜豆，嫩时都可作蔬，老则都可作粮。正如清代吴其濬的《植物名实图考》所说："嫩时并荚为蔬，脆美，老则煮豆食之，色紫，小儿所嗜。"

只要稍懂点烹调知识的人，几乎都会以菜豆做菜，但此菜如何做得科学，却大有文章可做。据厨师介绍，菜豆在烹调之前，必须进行初步的热处理。即将菜豆放在开水中泡10多分钟；或者是放入热油锅中滑炸一下；也可以采用"干煸法"，把菜豆投入热锅中，不加任何配料，像炕饼子那样进行"杀青"处理。如果事先不做这样的热处理，只是直接下锅烹调，既费火又费时间，而且做出来的菜颜色不好看。更重要的是，菜豆中含有同扁豆一样的皂素和植物血球凝集素，在烹调中没熟透起锅，就不能破坏其有效成分而容易引起中毒。

最常见的烹调方法是"焖"。先将菜豆撕去两头和两边的老筋，摘成小段，洗净经热处理去毒以后，放在热油锅中煸炒数下，然后加入适量的水，大火烧开，小火焖烧，直至汤汁减少2/3，菜豆变色，接近酥软时，加些葱、蒜、酱油等调料，再焖上二三分钟，汤汁稠浓，即可装盘起锅。如烧到半熟时加入豆瓣酱同焖，名为"酱焖菜豆"；在下锅之前加入肉片后同焖，名为"肉片焖菜豆"；喜吃辣的，还可以做成"辣椒焖菜豆""麻辣菜豆"等。有人别出心裁，像做粉蒸肉一样，将菜豆用米粉、猪油、酱油、味精、八角等包裹起来上笼蒸熟吃，味道是很不错的。做汤不多见，凉拌因不容易掌握其成熟的程度，弄不好会将半生不熟的菜豆吃进肚里，从而引起菜豆中毒，故许多人都不提倡。

## 老熟豆作粮

老熟的菜豆，剥去黄褐色的硬荚，其豆粒是极好的粮食。据报道，豆粒中含蛋白质17%～23%，脂肪1.3%～2.6%，碳水化合物56%～61%，还含有多种维生素及钙、磷、铁等微量元素，营养价值相当高。农谚说："不怕年成荒得恶，只要园里有豆角。"这似乎是在灾荒之年才发挥作用，事实上在丰收之年吃点菜豆又何尝不可？！有一种多花菜豆，就是主要用来作杂粮的。

其食用方法，既可以直接配米煮粥、蒸饭，也可以做糕点、豆腐、豆沙和酱等。《植物名实图考》记载："龙爪豆产宁都州，叶大如掌，角长四五寸，豆圆扁如大指，土人煮以为饭。"江浙一带吃的一种"菜豆粥"，是将干豆粒用冷水浸泡一宿，同淘洗干净的粳米一起下锅，加入适量的清水，用旺火烧沸后转用小火熬至黏稠，加入白糖调味而吃。喜欢在菜肴或主食中加糖，这正应了"东甜西辣，南淡北咸"地方口味的不同。如加入绿豆同煮，即成了"菜豆绿豆粥"；将绿豆换成赤豆，成了"菜豆赤豆粥"……有味香爽口、补肾健脾、豆糯粥稠的特色，尤其适合夏季食用。

菜豆汤较之赤豆汤、绿豆汤不分伯仲，具清热利尿、生津补益、充饥解渴的作用。据说西班牙的吉卜赛人，每年8月中的每个星期五都要喝菜豆汤。菜豆做成的馅可用于制作糕点、饼及元宵。北京传统名点"芸豆卷"，也是以菜豆为主料制作的，口感相当好，曾被慈禧太后所赏识。将菜豆做冰激凌、冰糕，或像爆米花那样制成炒货，小孩尤为喜食。有些农村逢年过节，总有人用铁砂炒的菜豆作为小吃来待客。

# 杂豆杂话

常听人说："要长寿，多吃豆。"豆类是一种营养价值高、味美可口的食材，被誉为"植物肉"，营养价值可与肉类、蛋类、鱼类和牛奶比肩。全世界可供食用的豆粒多达150种。前面已对大豆、黑豆、蚕豆、豌豆、绿豆、赤豆、豇豆、扁豆、菜豆等常见豆类作了撰述，但余兴未消，尚有一些通常食用的豆类需要缕陈，权以"杂豆"名之。

## 饭豆煮粥饭

饭豆又名米豆、精米豆、蔓豆、竹豆、爬山豆和白豆，属豆科豇豆属一年生草本栽培作物。因此豆的食用方法，主要是与米一起煮粥或饭而故名。

饭豆起源于喜马拉雅山麓到斯里兰卡的热带地区。1958年和1979年，植物遗传学家还分别在云南采集到了野生饭豆和饭豆的近缘植物。中国主要产区为黑龙江、吉林、辽宁、山西、内蒙古、陕西、云南、贵州、台湾等地，每公顷产量750～1 500千克。豆粒呈长圆形或肾脏形，种脐白色凸出，中部脐线下凹，有白、红、紫、褐、花斑诸色。百粒重4～16克。

我们通常所说的粮食，是由稻谷、小麦、粗粮（如玉米、粟、高粱等）、薯类及豆类5类组成。前4类含蛋白质平均为9%左右，

含量较多的是碳水化合物，主要为人体提供热能，称为**碳源营养**；豆类含蛋白质20%～40%，也有一定量的碳水化合物，主要提供蛋白质，称为**氮源营养**。在人体所需的多种营养素中，最基本、最大量的就是热能和蛋白质。这两者之间的比例称为碳氮比。饭豆含蛋白质23%以上，碳水化合物也高达61%～65%，同大米或小米等按比例混合在一起，煮成粥饭吃，可以保持碳氮比的平衡，使之吃得更加有营养，更加有味道。

## 翼豆多用途

翼豆的学名叫四棱豆，又有翅豆、四稔豆、杨桃豆之别名。由于这种豆类的豆荚有四条棱，棱边延展似翼，又似杨桃的形体从而称之为翼豆。

翼豆是豆科四棱豆属中的唯一栽培种，原产于巴布亚新几内亚及东南亚各国。1975年美国科学院发表了关于翼豆的报告，引起了国际社会的注意，之后许多国家的种植学家对这种多用途的热带作物极感兴趣，纷纷引种栽培。中国一些地区也引进了这种豆子并栽培成功，目前主要在沿海地区栽培，其中以福建较为普遍。

翼豆的豆粒呈球形，圆滑光亮，皮褐色、白色或黑褐色，种脐大而明显，百粒重25～40克，每公顷产量750～2 000千克。据分析，翼豆营养好，含蛋白质30%～45%，脂肪17%～28%，碳水化合物25%～37%和多种维生素以及矿物质。尤其可贵的是，它的叶、茎、豆荚、块根和豆粒都可以食用。幼嫩时，叶子似菠

菜，茎如同芦笋，豆荚味如菜豌豆，用作蔬菜或生吃，十分鲜美可口。块根像萝卜，呈乳白色，煮熟后具有板栗的特殊风味。豆粒不仅可以煮食和炒食，烤熟磨成粉还可以代替咖啡，也可制翼豆豆腐、翼豆奶、翼豆糖，榨制食用油等。

## 象形鹰嘴豆

鹰嘴豆以其豆粒顶端，尖如雄鹰之嘴而得名。另有桃豆、鸡豌豆等称谓。系豆科鹰嘴豆属一年生或越年生草本栽培作物。其起源地，可能是在亚洲西部和近东地区。1970年在土耳其发现过公元前5400多年的鹰嘴豆残存物。在公元前2000多年，尼罗河流域已有栽培。现主要分布在世界温暖而又比较干旱的地区，印度是第一大食用鹰嘴豆之国。中国的新疆、云南、甘肃等地亦有少量的种植。

远古时期，鹰嘴豆是许多国家平民百姓的主粮之一。印度佛教徒认为，鹰嘴豆是佛祖释迦牟尼赐给人间的神粮。在寺院、庙宇和大街上经常可以看到雕刻着的鹰嘴豆图案，街头巷尾到处都有烤熟的鹰嘴豆出售。西班牙的一些小乡镇，至今仍将鹰嘴豆作为主食，他们将鹰嘴豆与其他食物搭配煮成鹰嘴豆汤、鹰嘴豆粥、鹰嘴豆饭，或者制成名目繁多的风味小吃。人们食用鹰嘴豆的实践证明，鹰嘴豆还可以制成罐头、酿酒、加工淀粉和炒熟远行时作干粮充饥；青豆可作蔬菜，也可生吃，嫩叶亦用作蔬食。

据有人介绍，鹰嘴豆的原文来自拉丁文，是“力量”的意思。可见古人虽没有营养学的概念，但已知道吃此豆可以补充精力，乃至能医治许多疾病。经测定，鹰嘴豆的干豆粒含蛋白质17%～28%，脂肪约5%，碳水化合物56%～61%，粗纤维4%～6%，是一种营养丰富而食用价值高的豆类。

## 味美利马豆

利马豆属豆科菜豆属一年生或多年生草本栽培作物，开始没有学名。后因欧洲人于16世纪在秘鲁利马这个地方第一次见到此豆，豆随地名，所以有此称谓；还有雪豆、玉豆、洋扁豆、荷苞豆、金甲豆等俗称。

利马豆的祖籍在墨西哥至秘鲁的广大区域，主要分布在美洲和印度，现广东、广西、云南、江苏、江西、台湾等地均有零星种植。分大粒种和小粒种两大类，每荚含种子2～6粒。豆粒为扁肾形，或不整齐的菱形，有白、红、紫、黑、浅黄、花斑等多种不同的颜色，从脐向外缘有明显的射线，百粒重30～200克，在国际市场上占有一定的地位。

利马豆是一种很好的食粮，其干豆粒含蛋白质20%以上，脂肪1.1%～1.5%，碳水化合物58%～65%，还含有少量的维生素和矿物质。常用来作主食、加工罐头及作糕点的添加剂，吃来味美可口。如做利马豆糕，可用利马豆、白糖各500克，琼脂、玉米粉、团粉各少许；先将利马豆煮熟，揉成利马豆面，再放入锅内加适量水煮开，加入琼脂、玉米粉搅匀，熟后盛入碗内；锅内放水，加入白糖用团粉勾芡成糖汁，然后将碗内的利马豆糕倒扣入盘中，淋上白糖汁即成。但小粒种中的深色利马豆也有不足之处，即含氢氰酸较多，有毒，需煮后清洗几次才能食用；小粒种中的白色豆含氢氰酸极少，食用安全。大粒种利马豆无此毒素，无论什么颜色的豆粒供食用都令人大快朵颐。

## 黎豆像虎狸

黎豆又叫虎豆、狸豆。明代李时珍释其名："黎亦黑色也。此豆荚老则黑色，有毛露筋，如虎、狸指爪，其子亦有点，如虎、狸之斑，煮之汁黑，故有诸名。"还有一些鲜为人知的俗名，产区常称之为狗爪豆、猫豆或八升豆。

黎豆的老家在亚洲，印度支那半岛是其起源中心。《本草纲目》记载："《尔雅》虎櫐，即狸豆也。古人谓藤为櫐，后人讹櫐为狸矣。……狸豆野生，山人亦有种之者。三月下种生蔓。其叶如豇豆叶，但文理偏斜。六七月开花成簇，紫色，状如扁豆花。一枝结荚十余，长三四寸，大如拇指，有白茸毛。老则黑而露筋，宛如干熊指爪之状。其子大如刀豆子，淡紫色，有斑点如狸文。煮去黑汁，同猪、鸡肉再煮食，味乃佳。"这不仅将黎豆的植物学性状描绘得淋漓尽致，而且也道出了中国栽培和食用黎豆的历史相当悠久。此豆分布于广东、广西、云南、四川、贵州、湖北、湖南等10多个省（自治区）。澳大利亚、马来西亚、菲律宾、美国等国种植也比较普遍。

黎豆的主要营养是蛋白质、脂肪、碳水化合物和维生素。因豆粒中含有**左旋多巴**，是一种有毒的物质，需经煮沸、浸泡去毒后才能食用。嫩荚作蔬菜时，必须将荚煮沸后，脱去内部木质层，剥出豆粒，再将荚和豆粒分别浸泡24小时，除去毒素，然后烹调食用。麻烦是麻烦一点，但黎豆的美味，是许多食物望尘莫及的。

此外，黎豆还是很好的药材。中医主治温中、益气。西医从豆粒中提取的左旋多巴，对治疗震颤性麻痹症、一氧化碳中毒和锰中毒有特殊的疗效。

## 小贴士

**碳源营养**：糖类的主要成分是碳、氢、氧三种元素，因其氢和氧的原子比例与水相同，又与碳相结合，故又叫碳水化合物。碳水化合物是生命的燃料，以碳元素含量最高，处主导地位，也是构成热量的主要来源，所以含碳元素高的食物称为碳源营养。

**氮源营养**：蛋白质是人体的重要组成成分，是生命的物质基础，其他营养素不能替代。而氮又是组成蛋白质的重要元素，多从动物性食物中摄取，也可以从植物性食物中获得。因其是构成蛋白质的主要来源，所以含氮元素高的食物称为氮源营养。

**左旋多巴**：左旋多巴又叫左多巴，是豆科植物多巴的衍生物，以黎豆含量较高。经咀嚼进入胃肠后，很快通过血脑屏障渗透到中枢神经中，再经多巴脱羧酶的作用转化为多巴胺而出现药理毒性。症状为恶心、呕吐、心悸、惊厥，乃至出现严重抑郁及狂躁症。其提取物可用来治疗多种震颤麻痹性疾病。

# 花生吃主张

“麻屋子，红帐子，里面睡个白胖子。”这一民间小谜语的谜底就是花生。

## 两种来历说

中国花生的来历，存在着两种说法：一种说法认为花生系中国原产，自古以来就有花生；另一种说法认为花生乃新大陆发现后由外国传来，时间是在明代或清代。孰是孰非，一直是农业史上一大疑问。

不过，早在清代乾隆年间，赵学敏的《本草纲目拾遗》就有关于花生传播的记载：“一名长生果。《福清县志》：出外国，昔年无之，蔓生园中，花谢时，其中心有丝垂入地结实，故名。一

房可二三粒，炒食味甚香美。康熙初年，僧应元往扶桑觅种寄回，亦可压油。”前些年有两位西方汉学家，根据明万历戊申版浙江台州的《仙居县志》考释，宣称花生的传华时间是在1600年前后。综合各方面的情况，可以推论中国种植花生的历史至少已有三四百年，这是持两种不同说法的人所共同肯定的。

## 向地结实性

花生属豆科一年生草本植物，别名除长生果外，尚有落花生、地果、地豆、万寿果、南京豆等多种。清人王风九在《汇书》中描述说：“近时有一种名落花生者，茎叶俱类豆，其花亦似豆花而色黄，枝上不结实，其花落地即结实于泥土中，亦奇物也。”

其实，奇也不奇，只要我们仔细观察，便可发现花生的花有两种：一种是不孕花，生在分枝的顶端，只开花不结实；另一种是可孕花，生在分枝的下端，一经传粉受精，子房基部便很快地往下弯曲，一直向土壤里伸长，至离地面6～10厘米深处，子房便悄悄地在沙土中发育成为花生果实。这是某些植物的向地结实特性，也说明花生是通过可孕花受精后才开始结实的。

## 蛋白质王者

在作物分类学上，花生被列入油料类，但近年来随着花生食品的改变，人们亦把它列入杂粮类，许多专业书籍和食谱均把它作为杂粮类食物介绍。这是名副其实的。

花生的营养价值不仅比禾谷类食物高，而且还在许多豆类和薯类之上。其蛋白质的含量虽然比大豆低一些，但比一般粮食作物高，达30%左右，相当于小麦的2倍，玉米的2.5倍，大米的3

倍，被誉为“蛋白质中的王者”；且有多种天然植物的活性生理营养功能，很容易被人体所吸收，能快速有效地祛除多种疾病症状。这种蛋白质若能被适当加工，就会具有良好的保水性、乳化性、起泡性、黏结性等。现已将其广泛用于面包、香肠、糕点等多种食品的制作加工中，并利用它生产出了“植物肉”“人造蛋”“人造奶”等新型食品，增添了花生的各种不同食用风味。

同时，花生还含有丰富的烟酸、维生素A、维生素$B_1$、维生素$B_2$、维生素E、维生素K以及钙、磷、铁、钾等多种微量元素。故此，常吃花生食品，不仅可以增强食欲，降低胆固醇，防止便秘，而且对预防中老年人的动脉粥样硬化和冠心病的发生都有明显的效果。据国内外药理研究和临床应用证实，花生还有降压、止血和润肺化痰、清咽止疟等作用。

## 主张煮炖吃

花生最好是熟吃，因为花生蛋白质属植物性蛋白质，在生品中被纤维素所包围，与消化酶接触程度较差，故生食使其蛋白质的消化率低。花生仁的红衣，又名花生衣，能抑制**纤维蛋白**的溶解，促进骨髓制造血小板，加强毛细血管的收缩，对各种出血性疾病有一定疗效，因此吃花生时，大可不必去掉红衣。炒制或油炸花生米，容易损失花生的营养素，使油脂氧化，极易生热上火，虽为日常所常吃，却不足为取。倘是炒制和油炸的花生米出现焦化现象，那焦化的花生米便会产生许多不利于健康的聚合物，人体吸收后有较强的毒性，甚至会致癌。鉴于此，花生的吃法应该是煮炖。这样既能避免花生本身所固有的营养素遭到破坏，又具有不温不火、口感潮润、入口好烂、易于消化的特点，男女老幼皆宜。如果与其他食物配伍或加些中草药一起或煮或炖吃，更会起到营养互补、食药兼备、相得益彰的作用。

## 煮炖方法多

煮吃，可以将花生为主料单独煮着吃，也可以将花生为主料或配料选配大米、小米、玉米、高粱米、绿豆、红小豆、莲子、桂圆、面条等煮着吃；味道可调成咸的、甜的、五香的、麻辣的、椒盐的、咖喱的、怪味的，也可以不调味，白煮着吃；可烹饪成饭品、粥品，还可以制作成糕点和菜肴，变化多端，名目繁多。如“水煮带壳花生”，即将带壳的花生洗净，放入锅内加水，依各人口味选择精盐、辣椒、桂皮、大料、小茴香、白糖等调料，用大火烧开，小火焖熟，捞出滤去水，剥壳吃米；如果选用去了壳的花生米，亦可如法炮制，只是不要将汤水去掉了，吃来味道佳美。“糯米花生粥”，可将花生50克，糯米100克，洗净加水同煮，沸后改用小火，待粥将熟，放入适量的冰糖稍煮片刻即可，常吃有健脾养血、生津补益的作用。

炖吃，分直接炖和隔水炖两种，以制汤见长。可将花生米泡发后，放在鸡、鸭、鸽、排骨、鱼、冬虫草、当归等食品或药品中炖，以甜、鲜、香为大众口味。如取花生米、红枣、莲米、桂圆等量共炖，称为“四圆汤”，连汤带食物吃，是极好的保健品，且有治疗贫血、盗汗和身体虚弱的功效。花生米100克，猪前蹄1个，同放锅中，加水没过猪蹄3厘米左右，酌加少量食盐，先用大火煮沸，再用小火煎熬，以猪蹄熟烂为度，喝汤、吃猪蹄和花生，对治疗产后气血不足所致的缺乳有较好的食疗效果。

## 产耗新动向

末了，还想介绍一下世界花生的生产和消耗动向。根据联合国粮农组织发布的数据，2021年全球花生种植面积为3 272 万公顷，中国花生种植面积为480.5万公顷，占比14.69%，居世界第二，仅次于印度，但花生产量结构较为集中；2021年中国花生产量为1 830.8万吨，居世界第一，远高于印度，是全球最大的花生生产国。

20世纪50年代以前，世界花生总产量的72%用于榨油，只有3%用于食用。近20年来，食用花生所占比重迅速上升，榨油用花生占54%，食用花生占21%左右。估计今后食用花生的消耗量将逐年增加，榨油用花生将逐年减少。目前，世界人均食用花生米年消耗量不足1千克，而马拉维人均近10千克，美国达4千克以上。由此可见，世界食用花生的消耗有极其广阔的前景，将有力促进花生生产的发展。可以预见，不久的将来，食用花生的比重将迅速赶上或超过榨油用花生。

小贴士

纤维蛋白：纤维蛋白一般指的是血纤蛋白，为血液中的一种凝血因子。在正常情况下，血液中的纤维蛋白相当活跃，但在血管受损或血浆浓度增高时，纤维蛋白就不能吸附血液中的血纤蛋白聚体而形成血凝块或血栓，从而导致血管缺血、堵塞甚至破裂等病变。

# 人工合成的西谷米

人造食品是当今世界食品工业发展的一个新动向。许多国家研制的人造食品，可谓名目繁多，品种多样。如人造奶油、人造大米、人造鸡蛋、人造海蜇皮、人造素肉等，几乎达到了以假乱真的程度。在这众多的人造食品中，以西谷米的创制为最早，也最讨人们喜欢。

## 源起于印尼

西谷米，又称西国米、莎孤米、莎木面，简称西米，源起于印度尼西亚。

在东南亚热带地区，盛产西谷椰树。这种树又叫莎木或莎孤，属棕榈科常绿乔木。树形极像椰树，成株高15～20米，干高大直立、没有分枝，有二三十片羽状叶丛生在干顶，叶长5米左右，宽1米以上，非常壮观秀丽，为良好的园林观赏树种。

300多年前，聪明而富有创意的印度尼西亚人，发现西谷椰树的髓心含有丰富的食用淀粉，便将其砍倒，剖去树干的木质部分，取出嫩白色的髓心，剁成小段，放在石臼中舂烂，滤去粗渣，再用石磨磨粉，以“水澄法”取得淀粉供食用。有人别出心裁，将西谷淀粉用开水冲熟，搅拌均匀，做成粉团，然后揉搓成圆形小粒，晒干后即成为西谷米。这种手工加工出来的原始西谷米，大小有别，表面粗糙，质地较松，容易龟裂。随着社会的发展进步，到了近150年前，又由手工加工改为机械加工。成米颗粒均匀光滑，质地坚实，耐烹煮，较之手工加工而先进。

## 一树产百斛

其实，从树木的髓心提取淀粉的并不只有西谷椰树，还有桄榔。桄榔也属于棕榈科常绿乔木，高可达10多米，中国的海南、广东和广西等地均有分布。

早在唐代，段成式的《酉阳杂俎》就记载：“古南海县有桄榔树，峰头生叶，有面，大者出面，乃至百斛，以牛乳啖之，甚美。”由此，唐人还有“一树产百斛”的说法。当时岭南一带的居民，把桄榔树砍下以后，去皮，截断，取髓心磨成面粉食用，称为“桄榔面”。唐朝诗人到岭南一带游览，无不盛赞这种独特的面粉。如韦庄诗云：“米惭无薏苡，面喜有桄榔”（《和郑拾遗秋日感事一百韵》）；皮日休诗云：“清斋净溲桄榔面，远信闲封豆蔻花”（《寄琼州杨舍人》）；白居易诗云：“面苦桄榔裛（yì），浆酸橄榄新”（《送客春游岭南二十韵》）……这种桄榔面，可用来做饼子和

丸子，也可以制成羹汤，能充饥填肚子。正如《本草纲目》“桄榔子”条引北宋苏颂的话说：“桄榔木，岭南二广州郡皆有之，人家亦植之庭院间。其木似栟榈而坚硬，斫其内取面，大者至数石，食之不饥。”又引唐代陈藏器的话说：“按《临海异物志》云：姑榔木生群洞山谷。外皮有毛如棕榈而散生。其木刚利如铁，可作钐锄，中湿更利，惟中焦则易败尔，物之相伏如此。皮中有白粉，似稻米粉及麦面，可作饼饵食，名桄榔面。”

由此可以说明，中国人发现富含淀粉之树早于印度尼西亚。但由于受传统面食制作方法的限制，没有人将其加工成更好吃的像西谷米这样的食品。直到清朝末年，随着中国门户的打开，中国人才知道世界上有这样一种人工合成的米。因源自外国，且中国人习惯将外国通称为“西方”，故称之为西谷米。

## 大中小三种

西谷米圆如珍珠，洁白光亮，分大粒、中粒、小粒3种。大如豌豆粒的称大西米，小如高粱米的称小西米，比豌豆粒小比高粱米大的称中西米。目前市场上销售的西谷米，无论是进口的还是国产的，大都是用木薯粉、玉米粉、马铃薯粉、麦淀粉等加工而成，纯粹以西谷椰树淀粉加工的极其少见。为了提高西谷米的营养成分，在加工过程中，往往要添加一些营养物质，如维生素、矿物盐、氨基酸等，吃来更加有益于身体健康。普通西谷米如同大米一样，味淡而几乎无味，如果尝到有味道的西谷米，如巧克力或水果味道的，那就说明里面添加了其他的食物。

鉴别西谷米的好坏，一是眼看，洁白透明、光滑圆润的为质好，色泽黯淡粗糙，大小不匀均的为质次；二是放在手上搓一搓，质量好的西谷米颗粒坚实，硬而不碎，如有裂纹、易碎的质差；三是烹

煮，熟后透明度高，不黏糊，嚼之略带韧性的质好，反之则次。

## 做甜羹见长

西谷米的吃法虽然多种多样，却以做甜羹见长。一般是将西谷米淘洗以后，放在沸水中煮至半熟，出锅后用冷水冲凉，再放入沸水中煮透，最后加入椰浆、糖料及杂果等配料充分搅拌，焖煮一会儿，即可食用。有人总结出三要诀："先煮、后凉、再煮焖。"

食谱上记载的西谷米甜羹有不少，不过很少冠名"甜羹"，而是称"露"或"冻"。"露"可以理解为热食或冷食品，"冻"则一定是冷食或冷藏过的。前者如"香蕉西米露""菠萝西米露""芋泥西米露""鸭梨西米露"；后者如"椰汁西米冻""芒果西米冻""草莓西米冻""哈密瓜西米冻"等。感兴趣者不妨学着烹制试试看，味道一定是很不错的。

西谷米煮粥供食，还有温中健脾、补肺化痰，治脾胃虚弱和消化不良的功效。丹麦人就常将西谷米加在牛奶布丁中供产妇、儿童和病人食用。还有"西谷米汤"是北欧的著名汤菜。女性常吃西谷米做成的甜羹，还能使皮肤恢复天然润泽，所以极受人们尤其是女士的喜食。

# 可作粮食食用的非粮食食物

粮食是人类生存与发展的必备物质，吃不饱就会产生饥饿感，造成营养不良和引起多种疾病，乃至丧失生命。在数千年的历史长河中，中国人凭着自己的智慧和力量，发现许多含淀粉量高的非粮食食物可作粮食充饥。现今，“返朴归真，回归自然”已成为广大群众由温饱向小康发展过程中对物质文明和精神文明的一种新的追求。将非粮食食物当作粮食食用，既可作为粮食的补充，又可满足人们对食物多样化的需求。

## 栗子木本粮

栗子原产中国，也是中国的特产。中国许多地方都有出产，但以北方为多，南方较少。由于这种果树适应性强，极易存活，所长成的栗子能充饥代粮，成熟度好，一向与枣、柿一起并称为“木本粮食”和“铁杆庄稼”。

中华民族是一个多灾多难的民族，在旧社会糠菜半年粮的艰苦岁月，栗子

不知帮助多少人渡过了饥荒，得以活命。《史记》有“秦饥，应侯请发五苑之果蔬橡枣栗以活民”的记载。这说的是秦国发生饥荒时，百姓被迫逃荒，有个叫应侯的官员，奏请王室将御花园里的枣和栗子摘下来救济灾民。据《战国策》记载：“苏秦将为从，北说燕文侯曰：燕东有朝鲜……南有碣石、雁门之饶；北有枣栗之利。民虽不田作，枣栗之实，足食于民矣。此所谓天府也。”王充的《论衡》说：“地种葵韭，山树枣栗，名曰美园。”足见古时栗子被看作是最好的食粮，也是备战备荒的重要物资。《清异录》就记载：晋国一次和邻国打仗，部队追到汴师河东，粮食一时供应不上，军中靠的就是剥栗而食，最后取得胜利的，所以有“河东饭”之称。

栗子和许多禾本科粮食一样富含淀粉、蛋白质、脂肪和多种矿物质；糖类达到44.8克/100克（熟），超过了米饭、面条、窝窝头，仅次于馒头；还含有胡萝卜素，维生素$B_1$、维生素$B_2$、维生素C等多种营养物质。其既可以生吃、糖炒、火烧、水煮，还可以放入其他食物中煮粥、煲饭、烧鸡、炖排骨和磨成粉制作多种精美的点心，等等。慈禧太后当年喜欢吃的“栗面窝头”，至今仍被人们所推崇。20世纪60年代初，马南邨在《燕山夜话》中就指出：“种一棵栗子树，大约十年左右就能长栗子，平常一棵树大约年产栗子二百斤左右……栗子的营养素很高，它兼有小麦和大豆的长处，这是很可贵的。”

## 橡实古老粮

橡实是壳斗科植物栎树结的果实，又有橡子、橡斗、皂斗、栎梂、橡碗子等多种称谓。其实如荔枝核而有尖；其蒂有斗，包其半截；其仁如老莲肉。除青藏高原和新疆外，全国各地均

有出产。

橡实是一种比稻谷、小麦还要古老的粮食。在茹毛饮血的远古时代，人类以猎捕野兽和采摘野果充饥。当发现橡实“粉食”胜过“粒食”以后，便在秋收季节采收林中的橡实，去除壳斗，取仁晒干，放在两片石块之间摩擦成粉食用，这就是最原始的“面粉”。以至到了唐代，虽然农业已十分发达，人们以谷物类食物为主食，可仍然捡拾橡实为粮。皮日休的《橡媪叹》曰：“秋深橡子熟，散落榛芜冈。伛偻黄发媪，拾之践晨霜。移时始盈掬，尽日方满筐。几曝复几蒸，用作三冬粮。”张籍的《野老歌》亦曰：“岁暮锄犁傍空室，呼儿登山收橡实。”遇到灾荒之年，橡实更是历代穷苦人家的食粮。明朝李时珍在《本草纲目》中就写道：“俭岁，人皆取以御饥，昔挚虞入南山，饥甚，拾橡实而食”“山人俭岁采以为饭，或捣浸取粉食，丰年可以肥猪”。

如今人们的生活过好了，橡实这种古老的粮食似乎被人们忘却了。可橡实仁含淀粉50%以上，每千克可产生1 494.5卡热量，完全可以代替粮食。美中不足的是橡实有点涩味，口感不太好。其实去除涩味并不难，只要放在碳酸钠溶液中浸泡两三天就可以去除。山区民间的土办法是，将橡实仁放在冷水中浸泡，每日换水一次，10天左右就可以去除涩味。麻烦是麻烦点，但不需像种麦种稻那样精耕细作，施肥锄草，只要去林中采集，即可获得食粮，何乐而不为？去除涩味的橡实，或蒸煮食用，或磨成粉做豆腐、粉丝、粉皮、酿酒或掺和在面粉中做糕点，同样受到美食家们青睐。

## 葛根的吃法

葛根是豆科多年生落叶藤本植物葛的块根，多为野生，近些年也有人工栽培的。其分布范围遍及全国各地，尤以华东、华南和西南部各省为最多。块根肉质，色呈灰白色，长圆柱形，粗壮不一，大小因品种而异，一般重1～2千克，也有更大的，并以粉葛为上品。1994年，湖北省远安县汪家村三组农民杨保三采得一枝葛根，长2米，粗径30厘米，重70千克，可谓是葛根中的巨头。

早在3 000年前，中国就有采葛的文字记载。《诗经·王风·采葛》曰："彼采葛兮，一日不见，如三月兮！"梁代陶弘景的《名医别录》记载："今之葛根，人皆蒸食之……多肉而少筋，甘美。"到了唐代，记载吃葛的文字就更多了，而且多以捣制的葛粉供食。如白居易的《招韬光禅师》曰："白屋炊香饭，荤膻不入家。滤泉澄葛粉，洗手摘藤花。"《食医心鉴》载："葛粉四两，荆芥一握""以水四升煮荆芥，六七沸，去滓，澄清，软和葛粉，作索饼"。近代以葛根为食的例子也屡见不鲜，乃至充饥代粮。据说在第一次国内革命战争时期，贺龙带领的红军有一次被敌人围困，粮食接济不上，全靠挖葛根吃而渡过了难关。20世纪中叶的三年困难时期，农村许多人家也是以葛根代粮而渡过饥荒的。

综合古今吃葛根的方法，不外乎为根食和加工成粉食。根食需选用鲜嫩肥大者，削去外皮，切成片或块，蒸、煮、炒、炖随人所欲，既可做菜，也可代粮。广东人办喜事，常有肥而不腻、甘美味香的"葛根肉"这道菜；秋冬季节，他们还常烧一种汤色

发红的“粉葛鲮鱼汤”，男女老少都乐于品尝。葛粉则可用开水直接冲熟了吃，许多超市有葛粉和葛粉制品供人们选购，可以作为原料做成精美的点心和饮品。因葛粉营养丰富，又具有药用功效，尤其对年老体弱者更是一种上乘的滋补佳品。常吃葛类食品，有利于健康。

## 蕨粉可疗饥

蕨粉是蕨类植物地下根状茎经人工加工成的淀粉。这种植物既不开花，也不结子。每逢春季，在地下茎蔓延之处都能长出叶子来；未展开时，上部卷曲着，如同紧握的拳头，即自古以来供人们采集食用的蕨菜。卷叶展开以后，叶柄上生有深绿而美丽的羽状复叶，老熟以后散发出无数孢子，经过复杂的发育过程，就繁衍出新的蕨来。虽然主要分布在长江以南各地区，但向北可直达秦岭南坡。

在灾荒之年，蕨粉是一种很好的救荒食粮，能充饥果腹。南宋洪迈的《容斋随笔》记载：“乾道辛卯、绍熙癸丑岁旱，村民无食，争往取其（蕨）根。率以昧旦荷锄往掘，深至四五尺。壮者可得六十斤。持归捣取粉，水澄细者煮食之，如粔籹状。每根二斤可充一夫一日之食。”明朝诗人黄裳在《采蕨》诗中吟道：“皇天养民山有蕨，蕨根有粉民争掘。朝掘暮掘山欲崩，救死岂知筋力竭。明朝重担向溪浒，濯彼清冷去泥土。夫舂妇滤呼儿炊，肌腹虽充不胜苦。”

蕨粉似乎是在饥荒之时才被加工食用，现在生活富裕了，人们不再用其充饥。但蕨生长在无污染、无公害的荒野、林地里，既有较高的营养价值，又有保健功效。加工成粉做成蕨类食品，如蕨粑、蕨饺、蕨馍、蕨汤圆、蕨粉条、蕨饼干、水晶豆腐等，

不仅可以换换口味，而且可以获取多方面的营养。赣东北农村加工蕨粉的方法，一般是先将挖回的蕨根用清水洗净，切成段晾干，放在石臼中捣烂，然后把捣烂的蕨根放入盆中加水反复揉搓，再将洗下来的蕨根水浆过滤放入缸中，10多个小时以后，蕨粉自然沉淀，排尽上面的清水，把沉淀的粉浆晒干即成蕨粉。

## 山药滋补品

山药又名薯蓣、薯药、山蓣、山芋、山板术、土薯、玉延等，系薯蓣属藤本植物薯蓣的地下块茎。品种有许多，全国许多地方都有种植和野生。其块茎呈棍棒形、块状形、掌状形或圆锥形，表面密生须根，周皮褐色，肉白色或淡黄色，每条（块）重300～1 000克，也有2 000克以上的。最好的、人们公认的是产于河南的怀山药，四川产的牛尾苕也有名气。

山药是既供食用又供药用的滋补食材，早在《神农本草经》中就将其列为药中“上品”，并指出其具有“补中，益气力，长肌肉，强阴。久服耳目聪明，轻身不饥，延年”的功效。宋朝苏东坡被流放到海南儋耳时，贫困潦倒，身边又只有三子苏过。苏过看到海南黎族人喜欢吃一种用山药和杂米做成的粥，便想出了“山芋作玉糁羹”之法，以孝敬年老体弱的父亲。苏东坡吃后在一首诗的长题目中写道：“过子忽出新意，以山芋作玉糁羹，色香味皆奇绝。天上酥陀则不可知，人间决无此味也。”《红楼梦》第十一回描写久病的秦可卿对王熙凤说：“……昨日老太太赏的那枣泥馅的山药糕，我倒吃了两块，

倒像克化的动似的。”这种山药糕就是以山药为主料，配以枣泥、山楂、白糖等制成的保健食品。由此看来，古代中国人食用山药是相当普遍的。

据测定，山药富含碳水化合物、蛋白质、维生素以及钙、钾、铜、硒等营养成分，属于高糖、低脂肪类食材。其黏液中，还包括**甘露聚糖**及碘化合物。以山药为主料，可做成千姿百味的吃食。仅录食谱就有“山药粥”“山药卷”“山药丸”“山药糕”“山药面”“山药饼”“拔丝山药”“一品山药”“糖葫芦山药”“蜜渍山药”无数种，既可作主食，也可作副食和蔬食。这里推荐《大补小吃补品食谱》中“山药粥”的制法：干山药50克（或鲜山药100克），粳米100克；将山药和粳米淘洗干净，加清水850毫升，先以武火煮沸，继以文火煎熬20～30分钟，以米熟烂为度；早晚餐食用，具有补益脾胃、滋养肺肾的功效。

## 南瓜称饭瓜

南瓜有许多品种，大类上分为中国南瓜、印度南瓜和美洲南瓜。其形状有圆形、扁圆形、梨形、棒槌形或枕头形；大小因品种而不同，小的1千克以下，大的5千克以上；嫩时多为绿色或花白色，老熟后呈橘黄色或红黄色，有斑点或斑纹；瓜皮光滑或有疣瘤、棱沟。由于南瓜的植株根系发达，既耐干旱又耐贫瘠土壤，其耐寒力、耐湿性及对高温的抵抗力也比一般瓜类要强，因而无论是山区、平原还是城镇、乡村都有种植。

南瓜鲜嫩时主作蔬食，老熟以后既可入蔬又可代粮。代粮食用的以中国南瓜为最好，因其富含淀粉、糖分和胡萝卜素等营养物质，汁少而且面，能充饥当饭，故称为“饭瓜”。南瓜代粮，最简便的是白煮或白蒸，即使不放油盐，吃来也粉甜可口，大有不是甘薯如同甘薯之妙。也可以放在大米中煮粥或煲饭，方法是：将米洗净先下锅煮或煲成半熟，然后加入去皮切成片的南瓜继续煮、煲，熟后便是很好吃的南瓜粥或南瓜饭。陕北的“南瓜烩面”，即将煮熟的南瓜同宽面片烩在一起，南瓜清香甘甜，面片柔软好吃，有着浓厚的乡土气息。用南瓜与面疙瘩烩制在一起吃，也是常见吃品。民间更是有名目繁多的“南瓜盅”，制法是在南瓜蒂部开一个口子，掏出里面的瓜瓤，将准备好的馅料如糯米、肉类、海鲜、蔬果、调味品等填满瓜腹，盖好瓜蒂，上屉蒸熟食用，不仅滋味好吃，且有补益之功。将南瓜捣制成粉，加入其他配料，还可以做成“南瓜饼”“南瓜糊”“南瓜豆沙”“南瓜挂面”“南瓜蛋糕”等多种风味美食。

## 藕能当饭吃

藕是睡莲科多年生水生植物荷的肥大根茎，大多生长在湖汊、泥塘或水田里。它“出污泥而不染”，长而近圆形，中间有节，粗壮不一，表面呈白色、黄白色或红白色。全藕一般3～4节，少数5～6节，横切面有许多管状小孔。当藕折断的时候，在两个断面中间有无数条细丝相连（尤其是熟藕更为明显），可以扯得相当长，成语“藕断丝连”便由此而

来。唐代孟郊还有“妾心藕中丝，虽断犹牵连”的名句。

按照藕乡人们的习惯，藕分为菜藕和粉藕两大类。前者淀粉含量低，主作菜吃或生吃；后者淀粉含量高，除可作菜吃、生吃外，还可以代粮。代粮吃的藕，多是将藕放在米中煮成粥、饭，或将藕单独蒸煮着吃。藕炖熟以后烩面条、面片、面疙瘩等也是很好吃的。武汉居民喜欢将糯米灌入藕孔内，两头封住，蒸熟以后取出切片，洒上白糖、桂花，名为“糯米塞藕”，吃来令人胃口大开，香甜爽口。“藕泥丸子”是江南一带的名点，即把藕用擦钵或米箩弄成泥，净布包扎滤去水分，加入配料搓成丸子，放入滚油锅中炸制而成。鄂州农民最爱喝藕汤，每逢冬令，几乎家家户户都将藕辅以肉类煨成汤。不过，煨汤藕要选肥大、白腻、节长的粉藕为好；藕梢子、节短瘦小、表皮色红的藕或菜藕是煨不烂的，只宜炒食或作别用。上海、浙江等地的“鲜肉藕合”则又是一绝，它的制作方法是：将藕切成薄片，每片中间再入刀4/5，把肉馅夹入其中，挂上蛋糊，用筷子夹入油中炸熟，盛入盘中加点调料便可食用。至于“炒藕丝”“姜汁藕片”“藕炖排骨”“蜜汁莲藕”“烧藕饼”等，既是菜品，也是小吃和饭食。

用藕加工出来的藕粉，更是可以当饭吃。清代赵学敏在《本草纲目拾遗》中说：“冬日掘取老藕，捣汁澄粉干之，以刀削片，洁白如鹤羽。入食品，先以冷水少许和匀调，次以滚水冲入，即凝结如胶，色如红玉可爱，加白糖霜掺食，大能和营卫生津。”由于藕粉含有多种营养物质，碳水化合物占87.5%，蛋白质占0.8%，具有清香甜美、容易消化、滋补养生的特点，最适合老、弱、病、幼者食用。在乳制品未普及以前，许多奶水供应不足的婴儿就是靠吃藕粉长大的。对吞咽困难的病人，调食藕粉无疑是最好的选择。将藕粉、糯米粉和白糖按一定比例混合在一起，和成面团，放在蒸锅笼屉上蒸熟，作为糕点食用，还有健脾养胃、补虚止血的效果。

除此之外，非粮食食物而可作粮食食用的还有藜谷、莲子、鸡头米、菱角米、腰果、桄榔、魔芋等多种。这些食物绝大部分是淀粉，而淀粉又是碳水化合物的主要来源，也是人体最理想的生命燃料，特别是在生产力相对低下，经济不发达的地区更是这样。不过，为了摄取更多营养，满足人体需要，在吃这些食物的时候，应该与其他食物搭配着吃，越杂越好，不可长期地偏吃一种食物。

小贴士

**甘露聚糖：**甘露聚糖是指以甘露糖为主体形成的多糖。主要存在于酵母细胞壁内，呈白色或奶油至淡棕黄色粉末状，具有良好的增稠性、悬浮性、乳化性和黏结性。在食品工业和医药上有广泛的用途，如用来作为啤酒泡沫的稳定剂、果汁的澄清剂、蔬果的保鲜剂和制作甘露聚糖肽口服液、片剂等。

# 古老的粮食
## ——菰米

《周礼·天官》载：“凡会膳食之宜，牛宜稌，羊宜黍，豖宜稷，犬宜粱，雁宜麦，鱼宜苽。”这是古代“食用六谷”的最早记载。译成现代文就是：凡会膳食者，牛肉宜与稻类食物配着吃，羊肉宜与黍类食物配着吃，猪肉宜与稷类食物配着吃，狗肉宜与粱类食物配着吃，雁肉宜与麦类食物配着吃，鱼肉宜与苽（gū）类食物配着吃。据此，东汉经学家郑玄注“六谷”为“稌、黍、稷、粱、麦、苽”。本节只介绍其中一种谷——苽。

### 植物学特性

苽即菰，另有菰米、雕胡、茭白子、茭谷、茭米、蒋实、安胡、野米、野燕麦等称谓，为禾本科多年生水生宿根草本植物菰的籽实。多为野生，生长在浅水沟或低洼沼泽地，喜欢温暖湿润的环境。一般株高1～2.5米，地上茎被叶鞘抱合，部分没入土中，叶片长披针形，冬季枯死。地下匍匐茎纵横，春季从地下根茎上抽生新的分蘖苗，形成新株，并从新株的短缩茎上发生新的须根，腋芽萌发，又产生新分蘖，如此一代一代地繁衍。

如果不被黑穗病菌寄生，菰便会在夏秋季抽穗结籽。花紫红

色，顶生圆锥花序，雌雄同株，上部是雌花，下部是雄花。受精后，长出长穗，结成黑色的籽实，呈狭圆柱形，两端尖，即为菰实；剥去外壳，米粒呈白色，经熟制食用。明代李时珍在《本草纲目》中有过具体的叙述："雕胡，九月抽茎，开花如苇芀。结实长寸许，霜后采之，大如茅针，皮黑褐色。其米甚白而滑腻，作饭香脆。"

## 饭食天下美

菰米是周朝的粮食，用它煮成的饭，颗粒细长，滑而不黏，爽而不干，清香味美。战国末期的诗歌总集《楚辞》，在其《大招》篇中，记载祭祀时说道："设菰粱只。"楚辞赋家宋玉在《讽赋》中道："主人之女……为臣炊雕胡之饭，烹露葵之羹。"

到了秦汉南北朝，食用菰米饭仍然较普遍。汉枚乘的《七发》说："楚苗之食，安胡之饭，抟之不解，一啜而散……亦天下之至美也。"晋葛洪的《西京杂记》载："会稽人顾翱，少失父事母至孝。母好食雕胡饭，常帅子女躬身采撷。还家，导水凿川，自种供养，每有赢储。家亦近太湖，湖中后自生雕胡，无复余草，虫鸟不敢至焉，遂得以为养。"北魏贾思勰的《齐民要术》还介绍了"菰米饭法"："菰谷盛韦囊中；捣瓷器为屑，勿令作末，内韦囊中令满，板上揉之取米。一作可用升半。炊如稻米。"

唐宋以后各朝，粮用菰米逐渐被菜用茭白所代替，能吃到菰米饭已不是易事，但仍有人记录或追忆。明高濂的《遵生八笺》载："凋菰米：雕菰，即今胡穄也。曝干，砻洗。造饭，香不可言。”清徐珂的《清稗类钞》载：“菰”“秋间开花，成长穗，结实如米，谓之菰米，亦曰雕胡米，色白而滑腻，俭岁以为饭。”

## 诗人的钟爱

正因为菰米在古代粮食中占有重要的地位，用菰米做成的饭不仅充饥果腹，而且芳香甘滑，故博得许多诗人墨客的钟爱。唐杜甫诗云：“滑忆雕胡饭，香闻锦带羹”；李白诗云：“跪进雕胡饭，月光明素盘”；杜牧诗云：“莫厌潇湘少人处，水多菰米岸莓苔”；皮日休诗云：“雕胡饭熟餵餬软，不是高人不合尝”；宋陆游诗云：“二升菰米晨炊饭，一碗松灯夜读书”；元王逢诗云：“细雨菰米生”；明孙齐之诗云：“留得博山炉内火，待君今日进雕胡”……凡此佳句，均是对菰米的赞赏。大约在明末清初，菰米在粮食中逐渐消失了，取而代之的是茭白。据说，唐代之前人们就发现菰的另一个品种，说它的茎鲜嫩肥美，甜滑爽口，这便是以后发展起来的茭白。《尔雅·释草》就记有茭白的两个初名“出隧”和“蘧蔬”。

## 粮转蔬之谜

我们现在种植的菰或曰茭草，为什么只长茭白而不开花结籽呢？研究起来，主要是菰在生长过程中感染了一种黑穗病菌的缘故。这种病菌能分泌**吲哚乙酸**，刺激菰的花茎，使其不能正常发育；久而久之，随着菌丝体的大量繁殖传播，菰便失去了开花结籽的能力。与此同时，菰顶端的茎节细胞便会迅速分裂，大量养分都向这一部位转运和积储，从而形成了一个肥大而充实的肉质

茎，也就是供蔬食的茭白。

长茭白的菰结不出菰米，结菰米的菰长不出茭白。人们为了收获较多的茭白，不断地选择那些易于被黑穗病菌感染而长成茭白的菰加以栽培，而不是致力于培植“雄茭”（人们称结菰米的为雄茭）收获菰米。况且，菰米与其他谷物类作物比较起来，不仅花期过长，籽实容易脱落，收获困难，而且占地耗肥，产量极低，远不如种茭白合算，所以农民一发现它就拔除了，只栽培有黑穗病菌的茭白。这样，菰米也就被淘汰了。

当然，世界上的事情不是绝对的。有些地方的菰生长得特别强健，黑穗病菌的菌丝体不能侵入，使得花茎不再膨大，也不会孕茭，则可以抽穗开花，结出菰米来。据报道，现今北美土著人经常食用菰米，或作饭，或煮粥，或做粑粑。数年前香港和美国的市场上还有菰米销售，一磅[①]菰米要价10多美元。

**小贴士**

**吲哚乙酸：**吲哚乙酸又名生长素、茁长素，属吲哚类中的一种有机化合物。在植物中以游离状态存在，通过韧皮部进行自下而上或自上而下输送。其生理效应取决于含量的浓度，浓度低时能促进作物的生长、发芽、结果和保持旺盛的生命力；浓度高时能抑制作物的生长、发芽、结果乃至杀死植物。

① 磅为英美制重量单位，一磅=0.453 6千克。

# 吃点粗杂粮

《素食纵横谈》里讲了这么一个民间故事，说有一名童养媳，备受公婆虐待，全家人都吃精米细面、鸡鸭鱼肉，唯独她常年以粗茶淡饭、杂粮糟糠为食。后来全家人都患了口烂、腹泻、食欲不振等疾病，日见消瘦。可这位童养媳却体质健壮，精神百倍。这个故事告诉我们，仅吃精米白面、大鱼大肉并没有什么好处，只有营养均衡，吃点粗米杂粮才有益于身体健康。

## 精和粗搭配

用精米细面烹制出来的食品，洁白晶莹，细腻可口，容易激起食欲，确实引人喜爱。但较之粗粮有利也有弊，其营养价值相对地也要单一些。

大家知道，谷类粮食都是由皮层、糊粉层、胚和胚乳4个部分构成的。据营养学家分析，各种营养成分在各部分的分布并不是均匀的。在粮粒外层的皮层、糊粉层和胚中富含着蛋白质、脂肪，大量的B族维生素、粗纤维以及钙、磷、钾、镁、铁等矿物质；而在粮粒内层的胚乳（即米仁或麦仁）部分，主要成分是碳水化合物，其他营养成分却少之甚少。在碾米或磨面时，存在于稻米或麦粒外层的维生素、矿物质、粗纤维等营养成分随着皮层、糊粉层、胚部分的过筛，被当作米糠或麸皮而被去掉了。所以，米和面加工越细，随之损失的营养成分就越多。以大米为例，糙米被加工成不同精度的白米，维生素$B_1$损失率分别为：标准米为41.60%，九二米为47.90%，中白米为57.60%，上白米为62.80%。如果长期单一吃精米细面，就会发生像维生素$B_1$缺乏造成的脚气病、神经炎等这类营养素缺乏症。此外，提倡吃点粗粮，除了营养的原因，还因为粗粮中含有大量的食物纤维，有助于促进排便、排除体内的毒素，同时还有降低胆固醇、减少肥胖等多种益处。

由此可见，经常吃点粗粮，如糙米、全麦粉（未去麦麸的面粉）是有好处的。只有做到精和粗搭配，才能既满足人们对美食美味的享受，又达到营养互补的目的。孔夫子“食不厌精”的名言虽受到人们的推崇，但“食不厌粗”也会得到人们的理解。

## 主和杂搭配

在以大米或面粉为主食的膳食结构中，应该提倡主和杂搭配。因为人体所摄入的营养应该是多样化的，一味地以大米或面粉为主食，必然顾“此”营养而忽视了“彼”营养。应该看到，不同品种的粮食，其营养成分是不相同的。

比如蚕豆，蛋白质含量高达30%左右，相当于稻谷、小麦的3～4倍，脂肪含量在2.5%左右，碳水化合物占53%，并含有丰富的B族维生素、矿物质以及纤维素。大豆所含的蛋白质比稻谷、小麦、谷子、玉米高3～5倍，被称为“植物蛋白之王”，可与肉类、奶类等动物性食品相媲美。玉米所含的脂肪比大米、白面高5～6倍，它的脂肪特点是50%以上为亚油酸，还含有卵磷脂、谷固醇、维生素E等高级营养素，具有降低血清胆固醇，预防高血压、冠心病及动脉硬化、心脑血管病等作用。荞麦的蛋白质含量高于大米和面粉，尤其是赖氨酸含量是大米的2.7倍、面粉的2.8倍，维生素$B_1$和维生素$B_2$的含量比面粉高2倍，矿物质和钙、磷、铁的含量比米面高2～3倍。另外，荞麦还含有其他食品所没有的芳香苷，有降低人体胆固醇和血脂的作用，能预防脑中风及冠心病的发生。红薯含淀粉和糖，而淀粉又正是人体所需的营养物质，吃了能增强肠蠕动，对于预防便秘和直肠癌都有裨益。红薯中还含有类似女性激素的物质，对维持皮肤细腻、延缓人体衰老都十分有利。经常吃红薯能提高人体免疫力，促进胆固醇的排泄，维持血管弹性，保障人体健康。

但是，凡事过犹不及。我们主张吃点杂粮，目的是要促进主食的多样化，达到平衡膳食的营养原则，不要单纯地只吃大米或面粉。如果主食中全部是杂粮，或者单纯地吃一二种杂粮，这在营养上也是不足的，因为这样的主食同样不够多样化，不符合平衡膳食的营养原则。以杂粮为主食的膳食结构，反其道而行之，则应该强调多吃大米或面粉。只有主和杂相互搭配，五谷杂粮都吃点，才真正有益于健康。

## 巧做粗杂粮

吃粗杂粮有吃粗杂粮的好处，吃精米细面也有吃精米细面的优点。对于那些已经解决温饱、正在奔小康或已经过上小康生活的居民来说，吃点粗杂粮无疑是最好的选择，因为这对他们避免营养过剩导致的“富贵病”或“文明病”是有帮助的。但粗杂粮普遍比精米细面口感差，尽管人们口头上承认粗杂粮好，实际上并不喜欢吃粗杂粮。这有一个饮食心理学问题，一方面是一提起粗杂粮，人们便与贫困联系在一起，便会想起那食不果腹的年代；另一方面是吃粗杂粮的方法不对口味，每天都是“老一套”，没有在“巧”字上做文章。要把吃粗杂粮落在实处，除了消除人们的思想顾虑之外，更主要的是改善粗杂粮的口感，做出名目繁多、花样百出、好看好吃的粗杂粮食品来。

例如，在以大米为主食的地方，不妨在煮粥饭时，配伍点红薯、玉米、小米、高粱米、赤豆、绿豆或蚕豆等就要好吃得多。

像红薯大米饭、赤豆大米饭、绿豆稀饭、蚕豆稀饭、小米大米粥等。

在以面粉为主食的地方，不妨将面粉同玉米面或荞麦面混合在一起食用，可制作挂面、馒头、饺子、油饼等面食；还可以在煮面条时，加入红薯、赤豆、豌豆等搭配着吃。

玉米粗粮细作，可做成玉米饼、玉米糕、窝窝头、玉米糁子粥、煮玉米棒、玉米面饺子、玉米卷子、玉米馃、玉米糊、爆玉米花等。

各地用粗杂粮做出来的食品不胜枚举，有的还上了“名食谱”。像西藏以青稞为原料做成的糌粑，山东用高粱面、玉米面做成的两合面饼，安徽以黄豆粉、五花肉丁为主料做成的黄豆肉馃，甘肃用荞麦面掺少量面粉做成的床子面，陕西用黑豆与小米配伍做成的豆钱钱，山西用荞麦面做成的荞面餶飥（gǔ tuō），河北用黍米面做成的毛糕，吉林用高粱米和大豆掺合做成的甜饼子，黑龙江用大黄米或小黄米做成的稠粥，北京用豌豆为主料做成的豌豆黄，等等，均是美食佳品。

# “小贴士”索引